U0208979

防震减灾科普知识丛书

中原出版传媒集团
中原传媒股份公司
海燕出版社

图书在版编目（CIP）数据

志愿者防震减灾知识读本：精编版 / 管志光主编．— 郑州：海燕出版社，2019.1
（防震减灾科普知识丛书）
ISBN 978-7-5350-7545-1

Ⅰ．①志… Ⅱ．①管… Ⅲ．①防震减灾—中国—普及读物 Ⅳ．①P315.9-49

中国版本图书馆 CIP 数据核字（2018）第 091787 号

责任编辑：王茂森
责任校对：李培勇
装帧设计：王　威
插　　图：陈云峰

出版发行：海燕出版社
社　　址：河南省郑州市北林路 16 号（邮编：450008）
电　　话：0371-63834455
网　　址：http://www.haiyan.com

印　　刷：郑州市毛庄印刷厂
开　　本：700 mm × 1000 mm　1/16
印　　张：13
字　　数：180 千字
版　　次：2019 年 1 月第 1 版
印　　次：2019 年 1 月第 1 次印刷
定　　价：36.00 元

本书编委会名单

主　编　管志光

副主编　兰艳歌

编　委（以姓氏笔画为序）

牛方元　李　源　李亚杰

沈　珂　张婷婷　徐　娜

序

2016年7月28日，在纪念唐山抗震救灾和新唐山建设40周年之际，习近平总书记亲临唐山视察，就全面提高我国防灾减灾救灾能力发表了重要讲话。习近平指出："我国是世界上自然灾害最为严重的国家之一，灾害种类多，分布地域广，发生频率高，造成损失重，这是一个基本国情。新中国成立以来特别是改革开放以来，我们不断探索，确立了以防为主、防抗救相结合的工作方针，国家综合防灾减灾救灾能力得到全面提升。要总结经验，进一步增强忧患意识、责任意识，坚持以防为主、防抗救相结合，坚持常态减灾和非常态救灾相统一，努力实现从注重灾后救助向注重灾前预防转变，从应对单一灾种向综合减灾转变，从减少灾害损失向减轻灾害风险转变，全面提升全社会抵御自然灾害的综合防范能力。"习近平总书记关于防灾减灾救灾的重要讲话，客观分析了我国自然灾害多发频发的基本国情，阐述了防灾减灾救灾的新理念、新思想、新战略，集中体现了以人民为中心的发展思想，为新时代我国防震减灾事业发展指明了方向。

中国处在世界上活动最强烈的两个地震带——环太平洋地震带和地中海 - 喜马拉雅山地震带之间，地震活动十分强烈。我国最早的地震记录可追溯到公元前 1831 年，至今共记录到 6.0 级以上强震 800 多次，各省、自治区、直辖市都发生过 5.0 级以上破坏性地震。全球范围内，一次地震死亡人数超过 20 万的地震共有 6 次，我国就有 4 次。新中国成立以来，我国各类自然灾害造成的死亡人数约为 65 万，其中地震死亡人数所占比例超过 50%，高达 37 万。进入 21 世纪，我国地震灾害频发，2008 年 5 月 12 日四川汶川 8.0 级地震、2010 年青海玉树 7.1 级地震、2013 年四川芦山 7.0 级地震等，共造成 9.18 万人死亡和失踪，42.5 万人受伤，直接经济损失 1.07 万亿元。地震多、强度大、分布广、震源浅、灾害重，是我国地震灾害的显著特点，也是我国的基本国情之一。特别是改革开放 40 年来，社会经济高速发展，现代化进程不断加快，但是城市高地震风险、农村抗震设防水平低的状况依然存在，尤其是超高建筑、重大生命线工程越来越多，给防震减灾工作带来新的挑战。

做好新时代的防震减灾工作，必须以习近平防灾减灾救灾思想为指导，加强“两个坚持”，实现“三个转变”，在震前预防上下功夫，在防范地震灾害风险上下功夫，在提升全社会防灾减灾救灾能力上下功夫。切实加强防震减灾科普宣传，提高全社会防震减灾意识和防震避险、自救互救能力，是提升防灾减灾救灾能力的重要内容。从现实情况看，当前我国社会公众的防震减灾综合素质与社会经济快速发展和地震灾害频繁发生的国情还很不相适应。社会公众的防震减灾意识淡薄，防震减灾知识缺乏，应对地震灾害的准备不足，是当前我国防震减灾工作面临的突出问题。为此，《中华人民共和国防震减灾法》规定了县级人民政府及其有关部门，乡、镇人民政府，城市街道办事处等基层组织，应当组织开展地震应急知识的宣传普及活动和必要的地震应急救援演练，提高公民在地震灾害中自救互救的能力。学校应当进行地震应急知识教育，组织开展必要的地震应急救援演练，培养学生的安全意识和自救互救能力。2017 年 1 月 10 日，《中共中央 国务院关于推进防灾减灾救灾体制机制改革的意见》提出，将防灾减灾纳入国民教育计划，推进防灾减灾知识和技能进学校、进机关、进企事业单位、进社区、进农村、进家庭，增强风险防范意识，提升公众应急避险和自救互救技能。中国地震局将于 2018 年唐山地震纪念日活动期间，召开首次全国地震科普大会，就地震科普工作常态化、制度化和精准化做出部署。

鉴于上述情况，河南省地震局组织编写了这套防震减灾科普知识丛书，目的是大力普及防震减灾科学知识，倡导科学减灾方法，传播科学减灾理念，弘扬科学减灾精神。该丛书在表现形式上既有深入浅出的文字，又有生动活泼的卡通漫画，集科学性和趣味性于一体；在知识体系设计上，既讲授了地震以及地震灾害的基本概念，又介绍了地震监测、震灾预防、应急救援等方面的基本知识，并针对不同读者各有侧重，结合近几年来国内外几次大地震的经验教训，增加了震前的应急演练、震后的心理治疗等内容，体现了防震减灾工作最新理念和成果；在丛书层次设计上，充分考虑不同读者的特点，分别针对领导干部、志愿者、中小学生、企事业单位员工、城镇和农村读者等不同对象，各有侧重地编写了相关知识。可以说，该丛书是为不同读者量身打造的防震减灾科普知识丛书，具有很强的科学性、针对性和实用性。相信该丛书的出版，对弘扬防震减灾文化，帮助广大读者正确认识地震及其灾害、了解防震减灾基本知识、掌握自救互救技能会有所裨益。

河南省地震局局长

2018 年 2 月

目 录
Contents

第四章　志愿者与地震灾害救援志愿者

第五章　地震应急避险与自救

第六章　地震应急救援

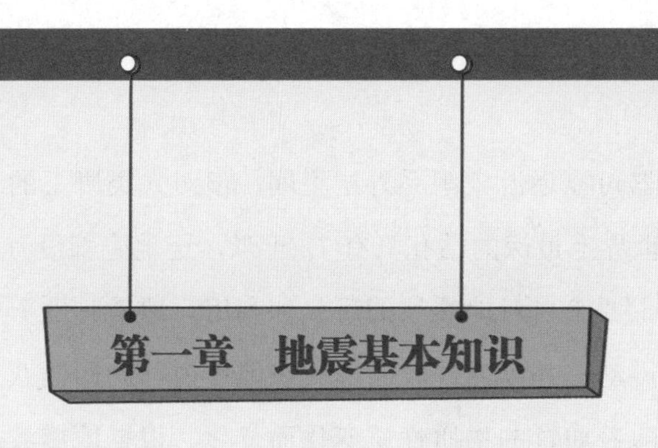

第一章 地震基本知识

地震是地球内部运动的一种表现形式，随着地球的内部运动不断变化，它从来就没有停止过。在我们人类居住的这个星球上，每年都要发生500余万次大大小小的地震。实际每天都有地震发生，只是有好多地震我们感觉不到，只有十分灵敏的仪器才能测出来。我们能感觉到的地震约5万次，可能造成破坏的5.0级以上的地震约1000次，造成巨大破坏的7.0级以上的地震有10多次。作为地震灾害救援志愿者，要认真学习防震减灾知识，提升紧急避险和救援技能，一旦地震发生，确保可以为抗震救灾提供有效的志愿服务。

第一节 地震的发生和类型

地震同刮风下雨一样，是一种自然现象。随着精密地震监测仪器的发明，人类进入了使用仪器观测和研究地震的时代。科学家们通过对地震波的深入研究，为我们进一步认识地球的内部结构打开了一扇窗户。因此，有人形象地比喻，地震是照亮地球的明灯。

一、活动的地球

我们生活的地球看似是静止的，其实自地球诞生以来，它就在不停地运动，造就了千差万别的地表，主宰着海陆变迁。人们发现，在某些山岭的岩石里，至今还保存着曾生存在古代海洋中的生物化石，在一些山顶上，却散布着河流中才有的沙砾和卵石。这说明，过去曾是海洋或河流的地方，现在却变成了高山峻岭。这就是人们常说的“沧海桑田”。

今天探测器可以遨游太阳系外层空间，但对人类脚下的地球内部却鞭长莫及。目前，世界上最深的钻孔只有 12 千米，连地壳都没有穿透。人们对地球内部的认识主要来自对地震波的研究和利用。地震时地下岩体受到强烈冲击，产生弹性震动，并以弹性波的形式在地球内部向四面八方传播。地震波的传播速度，随着通过的物质性质变化而变化。根据地震波的这个特点，人们用来推测地球内部的分层结构。

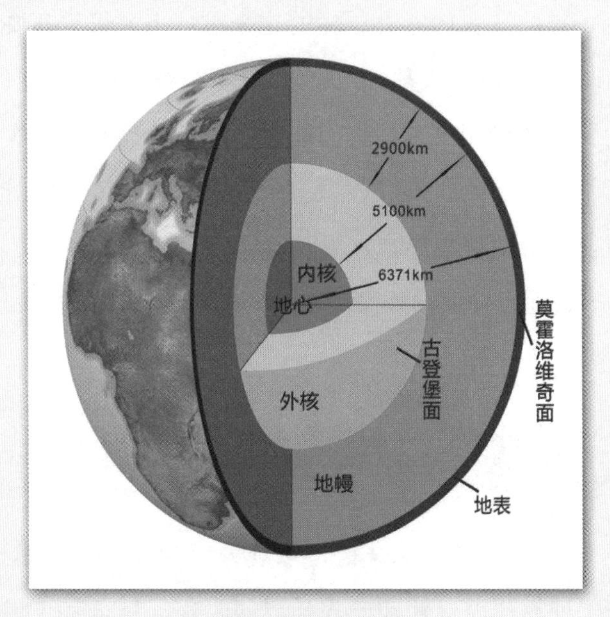

地球内部结构示意图

人类居住的地球是一个巨大的椭球体，它的平均半径为 6 371 千米。赤道半径比极半径大约长 21.5 千米。科学家们把长半径与短半径之差跟长半径之比定义为椭球体的扁率，用来描述椭球体扁的程度。地球的扁率约为 1/298，显然，地球是一个稍稍有一点点扁的大球体。

现在，一般用“莫霍面”和“古登堡面”把地球内部划分为三个同心圈层，表示地球的结构，即地壳、地幔和地核。“莫霍面”为地壳和地幔的分界面，地震波在这里的传播速度向下突然升高。这个界面是南斯拉夫地震学家莫霍洛维奇先生于 1909 年研究地震波时发现的，故以他的名字命名为“莫霍洛维奇不连续面”，简称“莫霍面”。在莫霍面上，纵波速度为 6.2 千米 / 秒左右，过了莫霍面，突然上升为 8.1 千米 / 秒左右。地球的莫霍面平均深度约为 17 千米，海洋里的莫霍面浅，最浅只有 5 千米左右，陆地的莫霍面深，其中青藏高原最深达 60 多千米。“古登堡面”为地幔与地核的分界面，在地球约 2 900 千米深处，纵波速度由 13.64 千米 / 秒突然降为 8.1 千米 / 秒，而横波在此完全消失。美国地震学家古登堡先生于 1913 年研究地震波的变化时，发现了地下约 2 900 千米处有这个不连续面，故以他的名字命名为“古登堡面”。

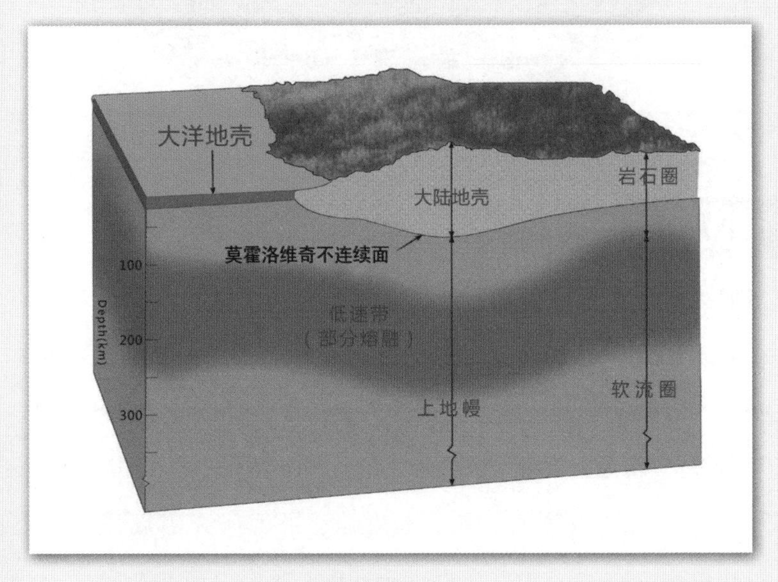

地壳剖面示意图

事实证明，地球是一个运动不止的星球。尽管我们平常感觉不到它的运动，实际上地球却在永不停歇地进行着“新陈代谢”。比如，大陆板块每年都要以几毫米甚至几厘米的速度在不断地“生长”，世界最高峰珠穆朗玛峰现今仍以每年平均 6 厘米左右的速度“疯长”。在漫长的地质演化进程中，经历了无数次的构造变动之后，地球表面的岩石已经不是完整的一块了，而是由大小不等的板块彼此镶嵌组成的。地壳基本可以分为六大板块，即南极洲板块、亚欧板块、美洲板块、太平洋板块、印度洋板块和非洲板块。在六大板块中，只有太平洋板块全是海洋，其余的板块都是由一部分大陆和一部分海洋组成。

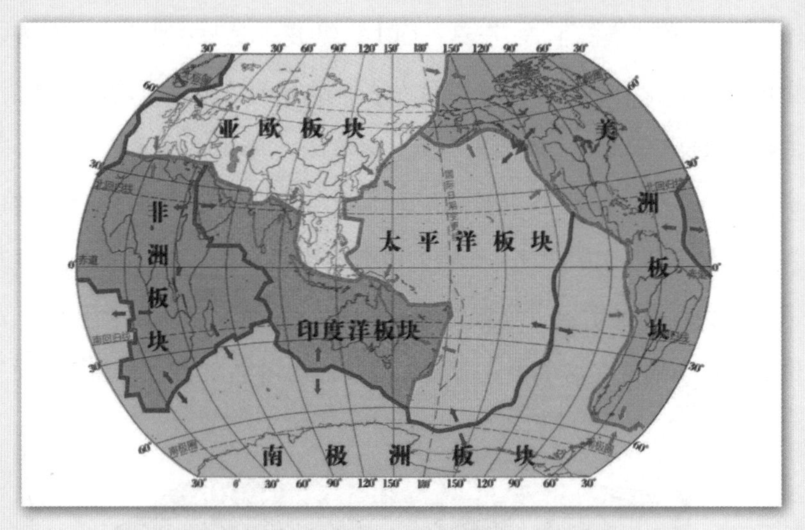

全球板块构造运动示意图

小贴士 板块构造理论

岩石圈是地球的坚硬外壳，边缘呈锯齿状的大陆块就像破碎了的熟鸡蛋的蛋壳一样。1965年，加拿大科学家图佐·威尔逊提出了一个新观点——板块构造理论，他综合了大陆漂移学说、海底扩张学说、地球板块学说。

板块构造学说是一种全球构造理论，这个学说认为，地球的岩石圈不是整体一块，而是被断裂构造带，如海岭、海沟等分割成许多单元，这些单元就叫作板块。全球岩石圈分为六大板块，每个大板块又可分为许多小板块，这些板块漂浮在软流层之上，处于不断运动之中。一般说来，板块内部比较稳定，两个板块之间的交界处，是地壳比较活跃的地带，火山、地震也多集中分布在这一带。

板块彼此碰撞或张裂，形成了地球表面的基本面貌。在板块张裂的地区常形成裂谷或海洋，如东非大裂谷、大西洋就是这样形成的。在板块碰撞挤压的地方，常形成山脉。当大洋板块和大陆板块相撞时，大洋板块俯冲到大陆板块之下，这里往往形成海沟；大陆板块受挤压上拱，隆起形成岛弧和海岸山脉。两个大陆板块相撞处，则形成巨大的山脉。喜马拉雅山脉就是亚欧板块和印度洋板块相撞产生的。地球上的海陆形成和分布，陆地上大规模的山系、高原和平原的地貌格局，主要是地壳板块运动的结果。

二、突发的地震

2008 年 5 月 12 日 14 时 28 分 04 秒，随着一声沉闷的巨响，巴蜀大地剧烈晃动起来，山崩地裂，飞沙走石，无数个温馨的家园顷刻间化为乌有，69 227 名同胞遇难，17 923 名同胞失踪，直接经济损失 8 523 亿元人民币。这就是四川汶川 8.0 级特大地震，至今让人们心有余悸。

那么究竟什么是地震，又是怎么突发的呢？简单来说，地震就是地面震动，俗称地动。现代科学对地震给出了如下解释：由于地下岩层受地应力作用，当所受的地应力太大，岩层不能承受时，就会发生突然、快速的破裂或错动，岩层破裂或错动时会激发一种向四周传播的地震波，当传到地面时，就会引起地面的震动，这就是地震。

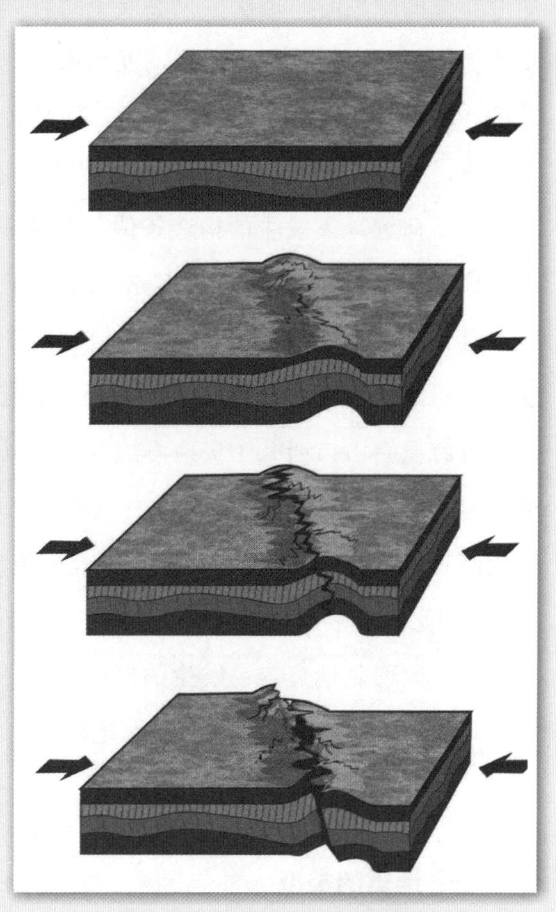

岩层受力引发地震示意图

大多数破坏性地震发生在地壳内。地壳是地球的一层薄薄的外壳，其厚度极不均匀，大陆的地壳厚度平均约 33 千米，其中青藏高原的地壳厚度达 60 多千米，太平洋的地壳厚度只有 5 千米左右。地壳主要由各种岩石组成。地壳同宇宙中的一切物质一样，处在不停的运动和变化之中。

地壳自形成以来，本身的物质与能量在不断发生循环和转化，地壳的结构及其地表形态也在不断地运动和变化着，这种变化和运动的动力主要来自内部的放射性元素衰变所释放的能量，以及地球的自转运动。地壳运动分为水平运动和垂直运动。水平运动可使地下的岩层发生水平位移和弯曲变形，造成巨大的褶皱山系；垂直运动使组成地壳的岩层产生上升或下降，造成岩层隆起或凹陷，在地表形成不少的“褶曲”和“断层”。这种极不稳定的地壳结构，在各种力量的作用下，会继续发生倾斜和弯曲等运动。当变形的力度超过岩层所能承受的限度时，地层会突然发生断裂和错动，使长期积聚起来的能量以地震波的形式急剧地释放出来，便形成了地震。需要指出的是，地震不是孤立的一次事件，在一次主震的前后，往往有一系列比主震震级小一些的前震和余震，构成一个完整的地震序列。因此，我们要注意预防余震带来的破坏。

为了研究地震发生的构造条件，需要进行地壳测深作业，探测、考察和研究地下断层分布和特征，尤其是活断层的分布和特征。

地震分布和断层分布密切相关。地质学研究告诉我们，强烈地震一般发生在多组断层的交汇部位或一条主断层的延伸部位。例如，2001 年 11 月 14 日，青海昆仑山口西 8.1 级地震的发生，就与沿昆仑山脉以南的、近东西走向的昆仑山前断层带的活动有关。又如，2008 年四川汶川 8.0 级地震就是龙门山断裂活动的结果，这次断层的地表破裂带总长度约 300 千米。

20 世纪初科学家提出“地震断层成因说”，认为断层是地壳构造最薄弱的地方，因而是地震容易发生的地方。但是，不是有断层就一定有地震。已故地球物理学家傅承义先生曾精辟地说：“有地震必有断层，有断层未必有地震。”

三、地震的类型

为了便于对地震的研究、表述和理解，人们根据地震本身的性质和特点，对地震进行了科学的分类。根据地震成因，一般把地震分为天然地震、诱发地震和人工地震三类。我们常说的地震是指天然地震中的构造地震。

（一）天然地震

地球内部活动引发的地震，主要包括构造地震、火山地震和陷落地震。其中，构造地震是指构造活动引发的地震，世界上 85% ～ 90% 的地震以及所有造成重大灾害的地震都属于构造地震。这类地震发生的次数最多，破坏力也最大，对人类的影响和威胁最大。以汶川 8.0 级地震为例，这次地震 6 度以上的破坏范围超过 10 万平方千米，相当于浙江省的面积。

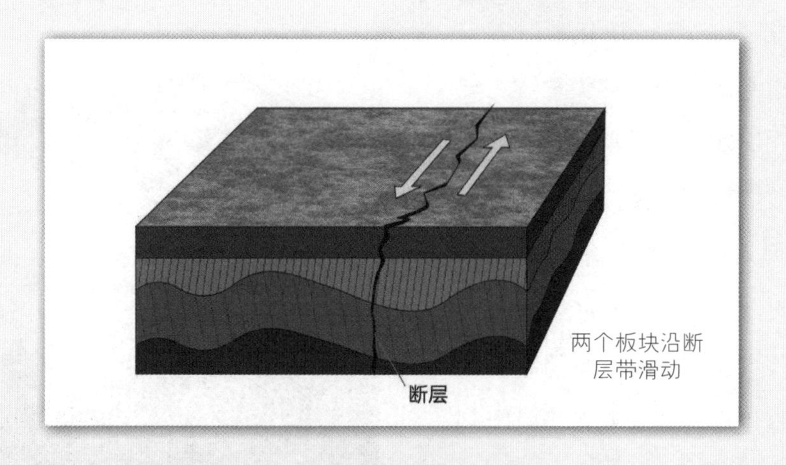

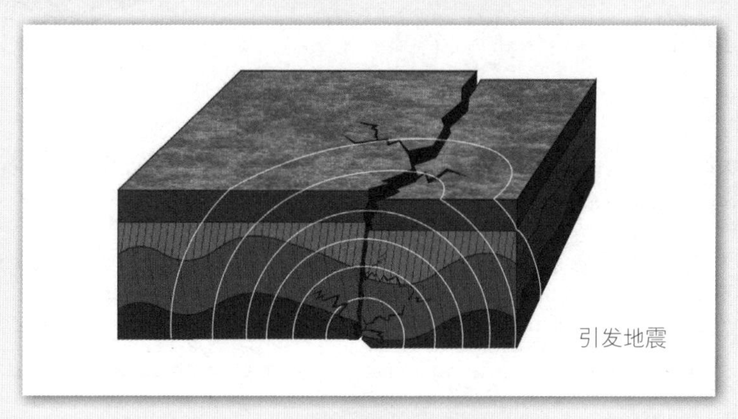

构造地震示意图

火山地震是指火山活动引发的地震，火山地震约占全球地震总数的 7%。

我国的火山多数处于休眠状态，主要分布在两大板块边缘，即受太平洋板块向西俯冲的影响，形成我国东部大量的火山；受印度洋板块碰撞的影响，形成了青藏高原及周边地区的火山分布。我国的吉林长白山和黑龙江五大连池等地，在历史上曾有过火山活动的记载。其中，公元1199年至1201年长白山天池火山大喷发是全球近两千年来最大的一次喷发事件，当时喷出的火山灰降到远至日本海及日本北部。目前，我国已经在吉林长白山、黑龙江的五大连池等历史上有火山活动的地区，建立了火山监测站，形成了数字地震监测台网，加强了地震监测。

陷落地震是由于地下岩层陷落引起的地震。这类地震主要发生在石灰岩等易溶岩分布的地区，仅占全球地震总数的3%左右，但对生产和生态的破坏作用却不可忽视。例如，1981年1月广西玉林市南口乡的局部地区，那里居住的人们在当时听到地下发出隆隆声，不久就发生了陷落地震，而且几天内接连塌陷了200余处，许多房屋和农田遭到破坏。

火山地震示意图

（二）诱发地震

人类活动引发的地震，主要包括矿山诱发地震和水库诱发地震。其中矿山诱发地震是指矿山开采诱发的地震；水库诱发地震是指水库蓄水或水位变化弱化了介质结构面的抗震强度，使原来处于稳定状态的结构面失稳而引发的地震。我国水库诱发地震有十几次，最典型的是1962年3月19日发生在广东新丰江水库的6.1级地震，导致混凝土大坝产生了82米长的裂缝。国内外公认的水库诱发地震约 70 ～ 80 起，涉及的水库仅占世界大坝会议已经登记的3.5万座水库的2‰～3‰。目前，世界上记录到的最大水库诱发地震为6.4级，于 1967 年 12 月 10 日发生在印度柯依纳水库（1962 年蓄水）。我国已有 10 余个水库建立了地震监测台网。举世瞩目的长江三峡工程采用数字地震监测台网，包括24个高灵敏度的测震台、2个强震台、3个中继站、1个台网中心，于 2001 年投入运行。这些台网在水利水电的防震减灾中发挥了重要作用。

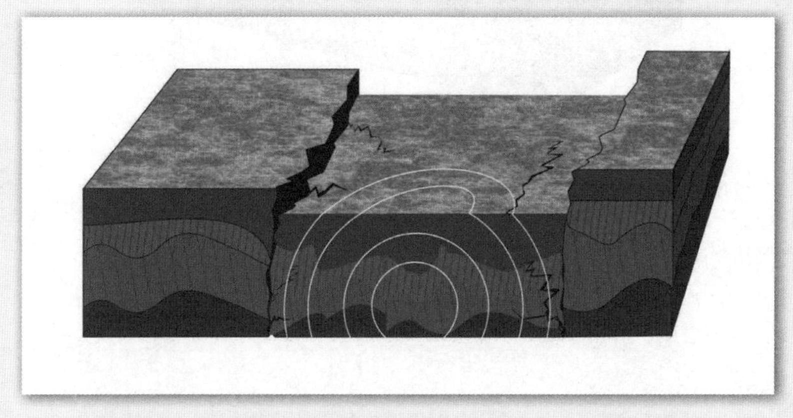

人工大量开采地下矿物或大量抽取地下水，导致地下岩层陷落引起地震

（三）人工地震

人工地震是指由核爆炸、爆破等人为活动引起的地震。随着人类的活动，人工地震越来越多。1996 年 7 月 21 日 15 时 35 分和 8 月 13 日 12 时 17 分，山东地震台网等记录到在渤海海峡分别发生 3.0 级和 3.4 级地震，经调查是人工海上爆破地震。原来，在 1992 年 10 月，国外某个远洋航运公司的一艘万吨级货轮在渤海海峡国际航道上沉没，一直影响海运安全，中国有关部门于 1996 年 7 月 21 日 15 时 35 分使用 13.6 吨炸药进行爆破清除，但未成功；8 月 13 日 12 时 17 分实施第二次爆破，使用 110 吨炸药，沉船全部被炸碎，航道障碍得以清除。在修建公路、铁路、水库、机场和城市建设中经常进行爆破作业，也会形成人工地震，应注意其造成的社会影响。

人工地震示意图

第二节　与地震相关的基本概念

人类在认识地震现象的过程中，把一些感性认识上升到理性认识，形成了一系列关于地震的基本概念。学习掌握这些地震概念，是提升自身防震减灾意识和能力的需要。

一、地震三要素

如果发生了地震，用什么样的信息表示这次地震的基本情况呢？地震三要素就是地震的“身份证”，主要包括地震发生的时间、地点和震级，即什么时间、在哪个地方、发生了多大强度的地震，也叫作地震基本参数。时间也就是地震发生的时刻；地点叫作震中，是震源在地面上的投影，经常用地名来表示，有时也用经度和纬度来表示；震级就是地震大小的相对量度。以四川汶川地震为例，地震三要素是：发震时刻为 2008 年 5 月 12 日 14 时 28 分 04 秒；震中位置是北纬 31.0°，东经 103.4°；震级是 8.0 级。

二、震源、震中距、震源深度

震源是指产生地震的源，即地下岩层断裂错动的地方。事实上，一次较大的地震，地下岩层断裂长度可达几百米甚至上千米。但相对于地球半径来说，这些长度可以忽略不计，所以地震工作者为了研究方便，往往会把震源简化为一个点。震源深度是指震源垂直向上到达地表的距离。目前，记录到最深的震源达 720 千米。对于同样震级的地震，震源深度越深，影响范围越大，破坏的作用越小；震源深度越浅，影响范围越小，但地表破坏越严重。震中距是指震中至某一指定点的地面距离。例如，汶川地震的震中在汶川县映秀镇附近，而河南省郑州市的震中距为 920 千米。很显然，震中距越小，地震的破坏作用就越大，反之地震影响就会越小。

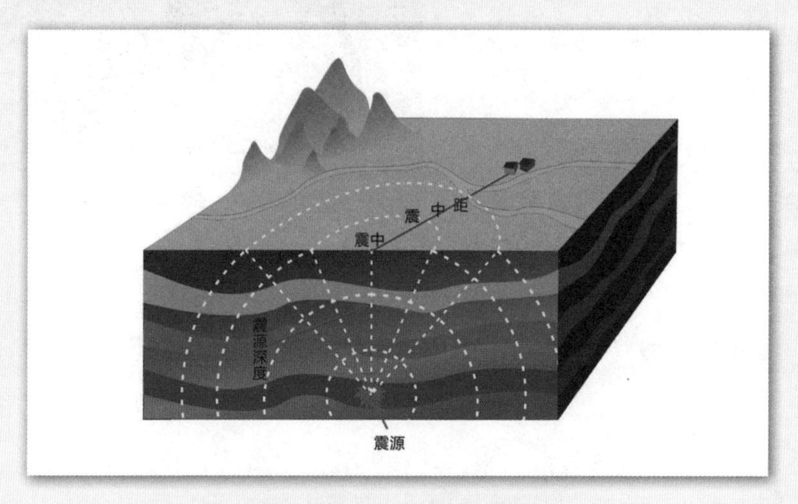

震源、震中距和震源深度示意图

小贴士 **不同远近、深度的地震**

地震按震中距远近可分为：地方震、近震、远震三类。

地方震：震中距在 100 千米以内。

近震：震中距在 100 ~ 1 000 千米。

远震：震中距大于 1 000 千米。

按照震源深度的不同，通常把地震分为三类：

（1）浅源地震：震源深度小于 60 千米。

（2）中源地震：震源深度为 60 ~ 300 千米。

（3）深源地震：震源深度大于 300 千米。

地球上 75 % 以上的地震是浅源地震，震源深度多为 5 ~ 20 千米。

按照地震发生在地球内部的不同位置,还可以把地震分为以下两类:

（1）板内地震：发生在板块内部的地震，主要包括大洋地震和大陆地震。其中大洋地震是指发生在大洋地壳中的板内地震，大陆地震是指发生在大陆地壳中的板内地震。

（2）板间地震：发生在板块边界的地震。

近震和远震示意图

三、纵波与横波

地震时，地下的岩石突然破裂、错动所产生的震动，会以弹性波的形式把能量从震源向四面八方传播出来，这种波就是地震波。我们可以通过一个实验来更好地理解地震波是什么：当我们站在湖边，把一块小石头扔到湖中，当石头接触到水面的一刹那，激起的水波就会向四周传播。这种传播方式就类似于地震波传播的方式。

地震释放出来的地震波分为纵波和横波。

纵波指振动方向与传播方向一致的波，主要会引起地面上下颠簸，传播速度较快。因此，纵波往往先于横波到达地表。

横波指振动方向与传播方向垂直的波，主要会引起地面的水平晃动，传播速度比较慢。因其携带的能量较大，所以对建筑物的破坏主要来自横波。横波只能通过固体传播，而不能通过液体和气体传播。地震来临时，我们忽然间感到上下颠簸，这就是纵波，随后感到晃动，这就是横波。横波振动幅度大，是地震时造成建筑物破坏的主要原因。

地震纵波与横波示意图

四、震级与烈度

（一）震级

震级是指地震大小的相对量度。一般来说，等于或大于 8.0 级的地震称为特大地震（如 2008 年汶川 8.0 级地震和 2011 年日本 9.0 级地震）；震级等于或大于 7.0 的地震称为大地震；震级等于或大于 5.0 级、小于 7.0 级的地震称为中等地震；震级等于或大于 3.0 级、小于 5 级的地震称为小地震；震级等于或大于 1.0 级、小于 3.0 级的地震称为微震；震级小于 1 级的地震称为极微震。

（二）烈度

地震烈度是指地震引起的地面震动及其影响的强弱程度，简称烈度。目前，我国使用的《中国地震烈度表》（GB/T　17742—2008）共分为 12 度，大致体现了不同烈度的影响和破坏程度。

中国地震烈度表（2008 年）

地震烈度	人的感觉	房屋震害			其他震害现象	水平向地震动参数	
		类型	震害程度	平均震害指数		峰值加速度 m/s^2	峰值速度 m/s
Ⅰ	无感	—	—	—	—	—	—
Ⅱ	室内个别静止中的人有感觉	—	—	—	—	—	—
Ⅲ	室内少数静止中的人有感觉	—	门、窗轻微作响	—	悬挂物微动	—	—
Ⅳ	室内多数人、室外少数人有感觉，少数人梦中惊醒	—	门、窗作响	—	悬挂物明显摆动，器皿作响	—	—
Ⅴ	室内绝大多数、室外多数人有感觉，多数人梦中惊醒	—	门窗、屋顶、屋架颤动作响，灰土掉落，个别房屋墙体抹灰出现细微裂缝，个别屋顶烟囱掉砖	—	悬挂物大幅度晃动，不稳定器物摇动或翻倒	0.31 （0.22 ～ 0.44）	0.03 （0.02 ～ 0.04）
Ⅵ	多数人站立不稳，少数人惊逃户外	A	少数中等破坏，多数轻微破坏和 / 或基本完好	0.00～0.11	家具和物品移动；河岸和松软土出现裂缝，饱和砂层出现喷砂冒水；个别独立砖烟囱轻度裂缝	0.63 （0.45 ～ 0.89）	0.06 （0.05 ～ 0.09）
		B	个别中等破坏，少数轻微破坏，多数基本完好				
		C	个别轻微破坏，大多数基本完好	0.00 ～ 0.08			

（续表）

地震烈度	人的感觉	房屋震害			其他震害现象	水平向地震动参数	
		类型	震害程度	平均震害指数		峰值加速度 m/s^2	峰值速度 m/s
Ⅶ	大多数人惊逃户外，骑自行车的人有感觉，行驶中的汽车驾乘人员有感觉	A	少数毁坏和/或严重破坏，多数中等和/或轻微破坏	0.09～0.31	物体从架子上掉落，河岸出现坍方；饱和砂层常见喷水冒砂，松软土地上地裂缝较多；大多数独立砖烟囱中等破坏	1.25（0.90～1.77）	0.13（0.10～0.18）
		B	少数中等破坏，多数轻微破坏和/或基本完好				
		C	少数中等和/或轻微破坏，多数基本完好	0.07～0.22			
Ⅷ	多数人摇晃颠簸，行走困难	A	少数毁坏，多数严重和/或中等破坏	0.29～0.51	干硬土上出现裂缝；饱和砂层绝大多数喷砂冒水；大多数独立砖烟囱严重破坏	2.50（1.78～3.53）	0.25（0.19～0.35）
		B	个别毁坏，少数严重破坏，多数中等和/或轻微破坏				
		C	少数严重和/或中等破坏，多数轻微破坏	0.20～0.40			
Ⅸ	行动的人摔倒	A	多数严重破坏或/和毁坏	0.49～0.71	干硬土上多处出现裂缝；可见基岩裂缝、错动；滑坡、坍方常见；独立砖烟囱多数倒塌	5.00（3.54～7.07）	0.50（0.36～0.71）
		B	少数毁坏，多数严重和/或中等破坏				
		C	少数毁坏和/或严重破坏，多数中等和/或轻微破坏	0.38～0.60			
Ⅹ	骑自行车的人会摔倒，处不稳状态的人会摔离原地，有抛起感	A	绝大多数毁坏	0.69～0.91	山崩和地震断裂出现；基岩上拱桥破坏；大多数独立砖烟囱从根部破坏或倒毁	10.00（7.08～14.14）	1.00（0.72～1.41）
		B	大多数毁坏				
		C	多数毁坏和/或严重破坏	0.58～0.80			
Ⅺ	—	A	绝大多数毁坏	0.89～1.00	地震断裂延续很大；大量山崩滑坡	—	—
		B					
		C		0.78～1.00			
XX	—	A	几乎全部毁坏	1.00	地面剧烈变化，山河改观	—	—
		B					
		C					

注：表中给出的“峰值速度”是参考值，括号内给出的是变动范围。

（三）震级和烈度的区别

震级是指地震大小的相对量度，它和地震释放的能量多少有关，能量越大，震级就越大。它是用地震仪记录的地震波的幅度计算出来的，是一种定量的确定方法，用阿拉伯数字和“级”来表示。

地震烈度是指地震引起的地面震动及其影响的强弱程度。除同震级有关外，还与震中距、震源深度、地质构造和地基条件等多个因素关系密切。烈度的大小是根据震后人的感觉、室内家具和物品的震动、房屋和其他建筑物的破坏程度，以及地面出现的破坏程度等宏观现象综合起来确定的，是一种定性的确定方法，用罗马数字和“度”来表示。为了便于人们看懂，也可以用阿拉伯数字表示烈度的高低。

一次地震只有一个震级，而烈度各地却不尽相同。随着震中距增大，烈度逐渐降低。通常，震级越大，离震中越近，震源深度越浅，地基条件越差，烈度越高，反之越低。例如，发生在 2008 年 5 月 12 日的四川汶川特大地震，震级为 8.0 级，震中汶川县映秀镇、北川县的烈度为 11 度，随距离由近及远，甘肃省为 9 度，宁夏回族自治区为 6 度。一般来说，震中区的烈度（震中烈度）最高，烈度最高的地区叫“极震区”。

另外，一个城市的地震设防是用地震烈度来衡量的，例如，北京的地震设防烈度是 8 度，如果说成“北京的房子能够抗 8 级地震”是不对的。

小贴士 **地震的序列**

地震一般都不是只震一下就完事了。地震序列是指某一时间段内连续发生在同一震源体内的一组按时间次序排列的地震。一个地震序列中震级最大的地震称为主震。主震后的地震称为余震，主震前的地震称为前震。

地震序列可分为以下几类：

（1）主震型。主震的震级大，很突出，主震释放的能量占全部地震序列释放能量的90%以上。主震型又分为“主震－余震型”和“前震－主震－余震型”两类。

（2）震群型。没有突出的主震，主要能量是通过多次震级相近的地震释放出来的。

（3）孤立型（单发型地震）。其主要特点是几乎没有前震，也几乎没有余震。

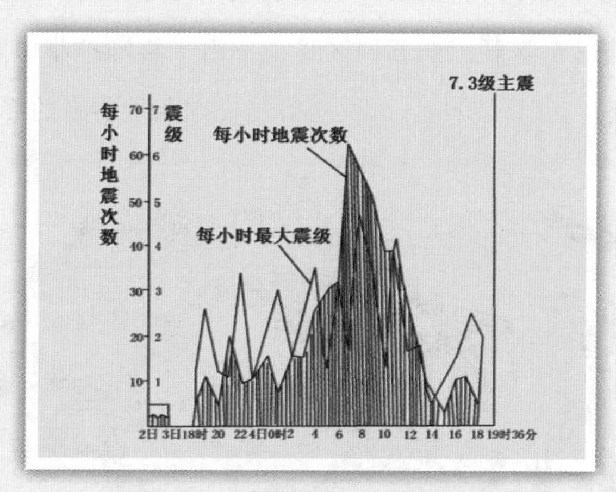

1975年海城地震的前震序列

第三节　多震灾的中国

我国处在世界上最强烈的太平洋地震带和地中海－喜马拉雅山地震带的包围和影响之下，地震活动十分强烈，造成的灾害极为严重。有历史记载以来，我国各省（自治区、直辖市）都发生过6.0级以上的强震。地震分布范围广、频度高、强度大、震源浅、灾情重，成为我国的基本国情之一。

一、中国地震带分布

地壳板块与板块之间发生挤压、碰撞的地带，就是地震活动强烈的地带，称为“地震带”。地震带往往出现在地壳运动比较活跃的地区，与活动的板块边界或者活动断裂带基本吻合。从世界范围看，全球可分为三大地震带，即环太平洋地震带、地中海－喜马拉雅山地震带（亚欧地震带）和海岭地震带（又称大洋中脊地震带）。

我国地处亚欧大陆东部和太平洋的西岸，正好“夹”在环太平洋地震带与地中海－喜马拉雅山地震带之间，其中台湾岛就在环太平洋地震带上，青藏高原则在地中海－喜马拉雅山地震带上。由于我国处于亚欧板块东部，受到来自印度洋板块西南方向和来自太平洋板块西北方向的挤压，东部地区受环太平洋地震带的影响显著，西部地区受地中海－喜马拉雅山地震带的影响较大，新疆、西藏、青海、四川、云南正好处在这条地震带的终端。

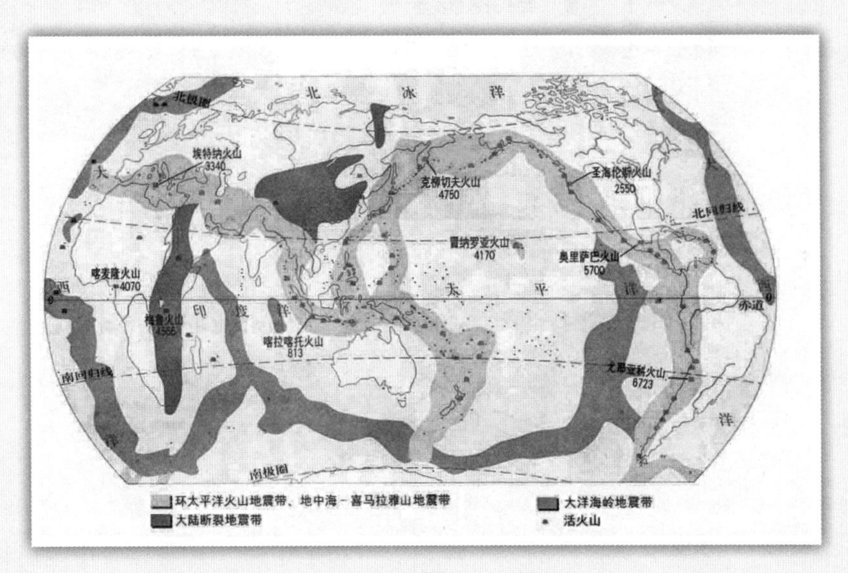

世界火山和地震带分布示意图

特殊的地理位置，使我国地震活动不仅频率高、强度大，而且地震活动的范围很广，几乎全国各省均发生过强震，比如，四川汶川 8.0 级地震就发生在地中海－喜马拉雅山地震带上。这次地震之所以造成巨大破坏，原因就是这次地震是一次浅源地震，震源离地面不足 10 千米。据统计，我国大陆地震约占世界大陆地震的三分之一，平均每年发生 30 次 5.0 级以上的地震。

20世纪我国发生7.0级以上地震116次，约占全球的6%。而在大陆地震中，我国所占比例更高，共发生71次，约占全球大陆地震的29%。我国最早的地震记录可追溯到公元前1831年，至今共记录到6.0级以上强震800多次，遍布于除浙江、贵州以外的所有省份。就浙江、贵州两省而言，也都发生过5.0～5.9级的中强震。自有记载以来，我国8.0级以上的特大地震就发生过19次之多，其中除台湾发生2次8.0级地震外，其余的17次都发生在大陆地区。20世纪世界上发生8.5级以上的特大地震仅3次，分别为1920年我国宁夏海原8.6级、1950年我国西藏察隅8.6级和1960年智利8.5级地震。由此可见我国地震活动的强烈程度。

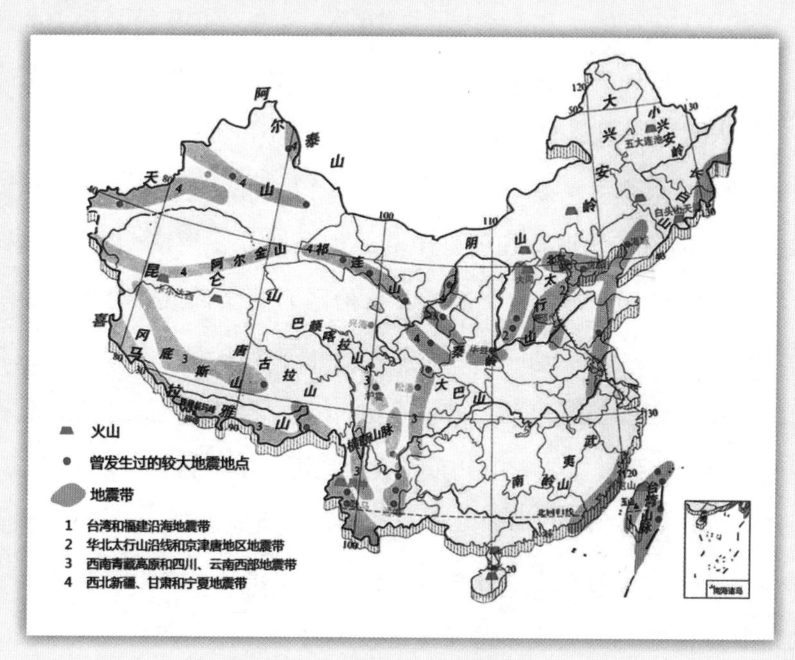

中国地震带分布示意图

二、五个活动区

从历史长河来看，我国的强震还具有明显的分带性，地震活动主要分布在五个地区的23条地震带上。根据历史资料的记载，我国西部地震最多，而且震级较高，然后是东部，南部（台湾除外）和北部相对平静。

（一）青藏高原地震区

该地震区主要包括青藏高原南部、中部、北部和帕米尔－西昆等地区。本地区是地震活动最强烈、大地震频繁发生的区域。据统计，该地震区我国境内共发生过 8.0 级以上特大地震 9 次，7.0 ～ 7.9 级大地震 78 次，居五大地震区之首。

（二）天山、阿尔泰地震区

该地震区位于天山南北，向西延伸至哈萨克斯坦和吉尔吉斯斯坦的天山地区，东部包括阿尔泰山脉一带，向东延入蒙古国。本地区分为南天山、中天山、北天山以及阿尔泰山等四个地震带。这个地震区内共记录到 8.0 ～ 8.5 级特大地震 7 次，7.0 ～ 7.9 级大地震 16 次，6.0 ～ 6.9 级强震 102 次。但由于该地震区人烟稀少，经济不是很发达，多数地震发生在山区，造成的人员和财产损失与我国东部的几条地震带相比，要小得多。

（三）华北地震区

该地震区包括华北地台和朝鲜半岛。涉及河北、河南、山东、内蒙古、山西、陕西、宁夏、江苏、安徽等省（自治区）的全部或部分地区。华北地震区历史记载悠久，自公元 11 世纪以来共记录到 8.0 ～ 8.5 级特大地震 5 次，7.0 ～ 7.9 级大地震 20 次，6.0 ～ 6.9 级强震 111 次。这里的地震强度高但频度相对低，强震主要集中分布在五个地震带上，自东向西为长江下游－黄海地震带、郯庐地震带、河北平原地震带、汾渭地震带、河套银川地震带。在五个地震区中，它的地震强度和频度位居全国第二。由于首都圈位于这个地区内，所以格外引人关注。尤其是它位于我国人口稠密、大城市集中、经济发达的地区，地震带来的危害也就更为严重。

（四）华南地震区

该地震区主要分布在东南沿海和台湾海峡内，从地理位置上来讲，主要包括福建、广东两省以及江西、广西临近的一小部分。全区记载到 7.0 ～ 7.5 级大地震 5 次，6.0 ～ 6.9 级强震 28 次。本区可划分为长江中游地震带和东南沿海地震带，地震强度不大，频度也不高。

（五）台湾地震区

我国的台湾省位于环太平洋地震带上，所以地震活动非常频繁。在该地震区内共记录到8.0级特大地震2次，7.0～7.9级大地震38次，6.0～6.9级强震261次。这些地震绝大多数分布在台湾东部地震带，少数分布在台湾西部地震带，因为地震多发生在外海，所以造成的灾害相对来说比较小。

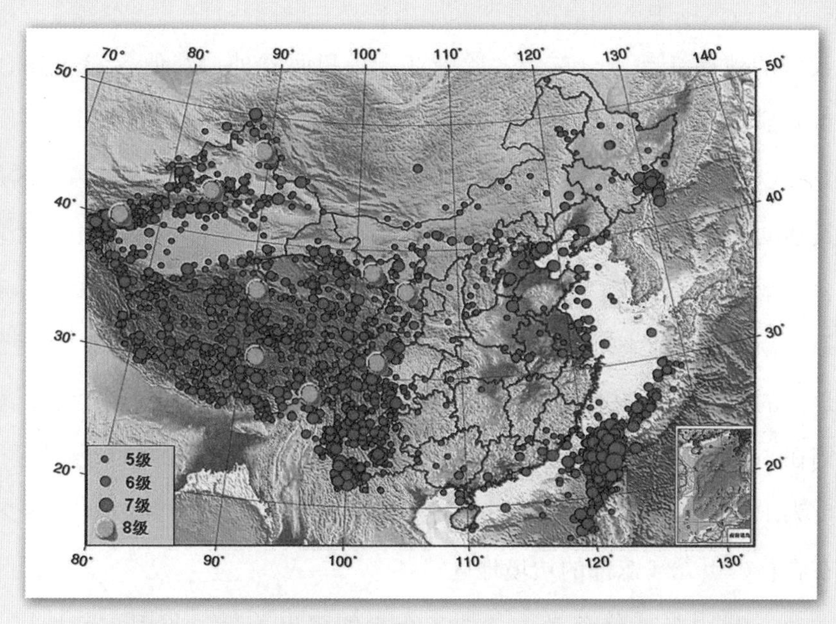

1900年以来我国5.0级以上地震活动示意图

三、我国地震活动的特点

地震活动性是指在一定时间、空间范围内，地震发生的强度、频度、时间与空间等方面的分布规律和特征。

地震活动在时间上具有不均匀分布的规律，在我国表现为强地震活动具有活跃－平静交替出现的特征。活跃期和平静期的7.0级以上地震年频度比为5∶1。1901—2000年的100年间，我国大陆经历了五个地震活动相对活跃期和四个地震活动相对平静期，其时段划分大致为：1901—1911年、

1920—1937年、1947—1955年、1966—1976年和1988—2000年为相对活跃期，1912—1919年、1938—1946年、1956—1965年和1977—1987年为相对平静期。例如，1966—1976年是我国地震活动的相对活跃期，这11年间我国大陆共发生14次7.0级以上地震，然而从1976年8月22日四川松潘7.2级地震之后，直到1985年8月23日新疆乌恰7.4级地震之前，整整9年在我国大陆地区未发生过7.0级以上地震，两者之间形成强烈的反差。台湾地区强震活动与大陆地区地震活跃期发展进程具有准同步性。

我国的地震活动十分广泛，除浙江、贵州两省外，其他各省（自治区、直辖市）都发生过6.0级以上强震，其中18个省（自治区、直辖市）均发生过7.0级以上大震，约占全国省（自治区、直辖市）的60%。台湾地区是我国地震活动最频繁的地区，1900—1988年全国发生的548次6.0级以上地震中，台湾地区为211次，占38.5%。我国大陆地区的地震活动主要分布在青藏高原、新疆及华北地区，而东北、华东、华南等地区分布较少。我国绝大部分地区的地震是浅源地震，东部地震的震源深度一般在30千米之内，西部地区则在50～60千米之内；而中源地震则分布在靠近新疆的帕米尔地区（震源深度为100～160千米）和台湾附近（最深为120千米）；深源地震很少，只发生在吉林、黑龙江东部的边境地区。

另外，我国强震分布显示了西多东少的突出差异。我国大陆地区，绝大多数强震主要分布在东经107°以西的我国西部广大地区，而东部地区则很少。20世纪以来，我国大陆发生的67次7.0级以上浅源地震中，西部地区59次，占88%，释放的能量占95%以上。

我国的地震活动具有分布广的特点，6.0级以上地震几乎遍布全国。然而，地震活动的分布是不均匀的，其活动水平也有较大差异。据对20世纪地震的统计分析，在全国各省（自治区、直辖市）中，活动水平最高的是台湾地区，7.0级以上地震约占全国总数的40%，6.0级以上地震占全国总数的53%以上；在其他各省（自治区、直辖市）中，发生6.0级以上地震次数大于 5 次的还有西藏、新疆、云南、四川、青海、河北等，以上 7 个省份集中了新中国成立以来大陆地区发生的绝大多数强震，其中 6.0 级以上地震占 90%以上，7.0 级以上地震占 87%以上。

以上情况充分说明，新中国成立后我国地震活动虽然分布较广，但是呈现明显的西多东少、分布极不均匀的特点。这种分布特征为地震工作布局和确定监测预报及预防工作的重点地区提供了重要事实依据。

小贴士　最容易发生大地震的地方

全世界平均每年发生 100 多次 6.0 级以上地震，它们总是发生在一定的地带，这与地壳岩石层构造和活动有密切关系。

1910 年，30 岁的德国地球物理学家、气象学家、探险家魏格纳（Alfed Lothar Wegener）生病住院，他躺在病床上偶然看到，挂在墙上的世界地图的轮廓有点怪，在大西洋两岸的非洲和南美洲海岸线形状能吻合在一起，好像两个大陆原先是拼接在一起的。后来他经过调查研究和阅读大量书刊，终于证明 4 亿年前各大陆确实是连在一起的，只是因为地壳运动才慢慢分离开来。

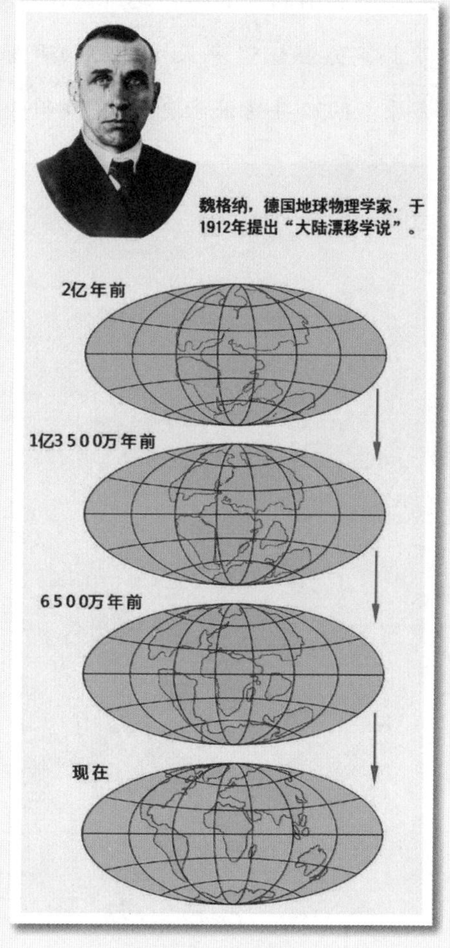

大陆漂移过程示意图

20 世纪 60 年代以来，各国的许多科学家都认识到，地壳不像蛋壳那样天衣无缝，而是由一些大小不一、缓慢运动着的岩石块体拼接而成的。在巨大岩石块体的拼接附近，岩石受力巨大，容易断裂错动形成大地震。

地壳巨大的岩石块体被称为板块，全球共有六个大的板块，分别为太平洋板块、亚欧板块、非洲板块、美洲板块、印度洋板块和南极洲板块。这些大板块的边缘是大地震主要发生的地方，例如，太平洋周围是板块接触活跃的地带，大地震频发；我国新疆南部、西藏南部和云南西部位于亚欧板块和印度洋板块的接合部，是著名的大地震巢穴。

每个大板块都由一些较小的次级块体组成，次级块体之间的接触地带，也是应力易于集中，产生少数大地震的地带。例如自宁夏经甘肃、青海、四川至云南的南北地震带，是中国西部板块与中国东部板块的接触地带，在这一带上曾发生1654年天水、1739年银川、1833年嵩明、1879年武都、1920年海原、1927年古浪和2008年汶川等8.0级或8.0级以上的大地震。

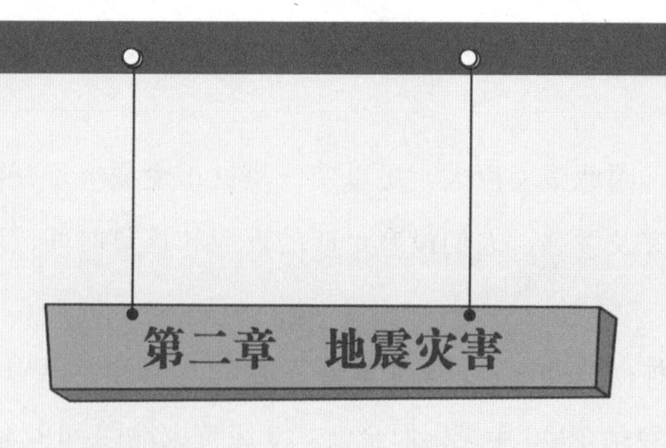

第二章　地震灾害

地震灾害是指地震造成的人员伤亡、财产损失、环境和社会功能的破坏。在洪水、台风、地震、干旱等自然灾害中，地震以其突发性强、破坏性大、波及范围广、灾情复杂等特点而居自然灾害之首。目前，每年全世界由地震灾害造成的平均死亡人数为 8 000 ～ 10 000 人，平均经济损失每次达数十亿美元。据统计，新中国成立以来，地震死亡人数高达 36 万，占各类自然灾害造成的死亡人数的 55%，比其他各类灾害造成的死亡人数总和还要多。2008 年 5 月 12 日四川汶川 8.0 级特大地震，造成 69 227 人遇难，17 923 人失踪，房屋大量倒塌损坏，基础设施大面积损毁，工农业生产遭受重大损失，生态环境遭到严重破坏，直接经济损失达 8 523 亿元，引发的崩塌、滑坡、泥石流、堰塞湖等次生灾害举世罕见。

第一节　地震灾害的特点

地震作为一种自然现象本身并不是灾害，但当它达到一定强度，发生在有人类生存的空间，且人们对它没有足够的抵御能力时，便可造成灾害。地震越强，人口越密，抗御能力越低，灾害越重。与其他自然灾害如水灾、旱灾、台风等相比，地震灾害具有以下特点：

一、突发性强

地震孕育的时间非常漫长，但是我们能够感觉到的地震震动的时间却特别短，一般仅持续数秒到一分多钟。在长时间孕育过程中所聚集的能量都在短时间内释放，因此威力巨大，足以使一座城市变成一堆瓦砾。多次震例证明，由于地震突发性强，人们没有足够的反应和逃离时间，所以才会造成严重的人员伤亡。

历史上各种自然灾害曾毁灭了世界各地52个城市，其中因地震而毁灭的城市有27个，包括1906年美国旧金山8.0级特大地震、1923年日本东京8.0级特大地震、1976年中国唐山7.8级大地震等，造成当时的旧金山、东京、唐山等城市的毁灭性灾难。

1976年7月28日，唐山7.8级大地震

2010年1月12日，海地7.0级大地震

2011 年 3 月 11 日，日本东北部海域 9.0 级特大地震

二、破坏性大

地震波到达地面以后能造成大面积的房屋和工程设施的破坏，若发生在人口稠密、经济发达地区，往往造成大量的人员伤亡和巨大的经济损失。据统计，20 世纪我国地震造成的死亡人数约 60 万人，占同期全球地震死亡人

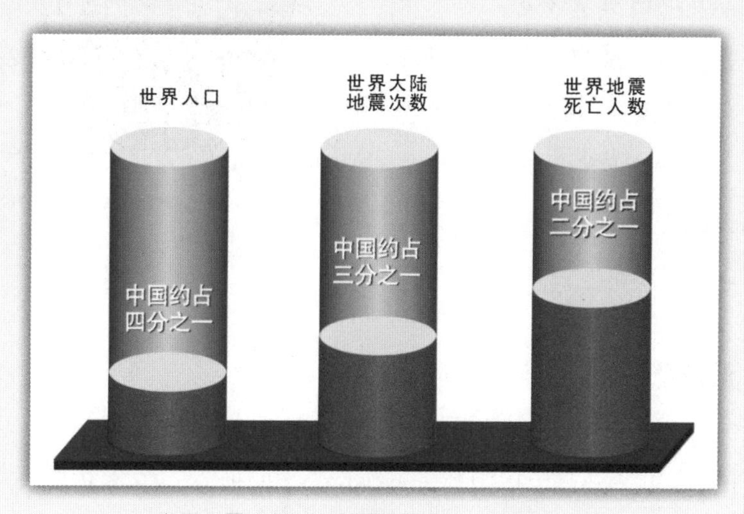

中国地震次数及地震死亡人数在世界中的比例

数的一半，其中最近的一百年中死亡人数最多的两次是：1920 年宁夏海原 8.5 级地震，造成 23.5 万多人死亡；1976 年唐山 7.8 级地震，造成 24.24 万人死亡，16.46 万人重伤。

小贴士 **地震造成人员伤亡的原因有哪些？**

地震伤亡的主要原因是房屋建筑的倒塌破坏，绝大多数地震死亡源于房屋倒塌后压砸室内居住或活动的人员，有的直接被破坏构件砸死，有的因不能及时得到营救，长时间窒息或失血过多而死亡。

地震引起地质灾害，如滑坡、崩塌、滚石直接压埋在建筑物和结构上，或掩埋村庄，造成大规模的人员伤亡。地震火灾也会引起死亡，有的被压埋人员在火灾中受到烟熏窒息，或直接被烧死。地震时虽然整个房屋没有垮塌，但不坚固的女儿墙塌落，或部分外墙、危墙倒塌，砸中避震人员的要害部位，如头部，也造成死亡或受伤，在中小地震中，这种类型的伤亡比例高。

避震方式不当引起伤亡，最典型的是不顾一切跳楼，后果不是死，就是伤，是不可取的避震方法。地震还会引起事故，如停电中断了抢救病人的呼吸器等关键设备，而使病人死亡。有的心脏病人受到地震惊吓而死亡，或有些疾病因地震而加速死亡，在日本被称为“地震关联死”。

地震时千万不要跳楼

三、波及范围广

地震发生时，不仅震中地区破坏严重，而且地震波及范围是非常大的。一次较大地震，可波及震中周围数十至数百千米的地方。1976 年唐山地震，震级 7.8 级，造成 9 度区面积达 1 800 平方千米，使 100 千米外的天津达到 7

度破坏，造成直接经济损失 60 亿元；使 200 千米外的北京地震烈度为 6 度，老旧建筑物遭到不同程度破坏。2008 年 5 月 12 日汶川 8.0 级地震，四川、甘肃、陕西等地严重受灾，灾区总面积约 50 万平方千米；我国除黑龙江、吉林和新疆外，绝大部分地区均有不同程度的震感，甚至连东南亚的越南、泰国、菲律宾以及东亚的日本等也有震感。

我国发生过50千米范围内地震的城市

震级（M）	城　市
≥ 8.0	银川、北京、天水、临汾、临沂
7.0 ~ 7.9	台北、唐山、兰州、昆明、海口、西昌、泉州、丽江、包头、喀什、东川、康定、大理、库车
6.0 ~ 6.9	乌鲁木齐、天津、太原、淄博、咸阳、西安、厦门、汕头、大同、大连、白银、安阳、丹东、保山、绵阳、三门峡、漳州、扬州
5.0 ~ 5.9	郑州、重庆、西宁、石家庄、沈阳、拉萨、济南、呼和浩特、张家口、保定、合肥、杭州、常州、贵阳、广州、成都、长春、自贡、无锡、石嘴山、石河子、秦皇岛、马鞍山、洛阳、长治、宝鸡、邯郸、烟台、宁波、桂林、东营、珠海、澳门、上海
4.8	温州、福州、徐州、湘潭、十堰、青岛、宜昌
无记载	武汉、南宁

四、灾情复杂

地震灾害的种类很多，震后原生灾害、次生灾害和诱发灾害往往接踵而来，极易形成复杂的灾害链。在一定的条件下，地震的原生灾害常引发火灾、水灾、崩塌、滑坡、泥石流、海啸、瘟疫及恐震等物理性、心理性的次生灾害，造成数倍于原生灾害的严重损失。

专家认为，2008 年 5 月 12 日汶川大地震引起的次生灾害要比 1976 年唐山地震大得多，主要原因是唐山地震发生在平原地区，汶川地震发生在山区，因此次生灾害的种类不太一样。汶川地震引发的破坏性比较大的原因是崩塌、滚石、滑坡等次生灾害，比唐山地震的要严重得多。另外，四川的降雨比较多，所以形成的堰塞湖与唐山地震相比也是不一样的。水利部统计，截至2008年5月25日8时，地震造成我国2 000多座水库出现险情，其中四川境内占到七成多。据了解，地震发生以后，四川灾区共形成了34个大大小小的堰塞湖，这些堰塞湖随时可能威胁下游人民的生命财产安全。

小贴士 **地震灾害的分级**

地震灾害等级有不同的划分方法，一种方法是以伤亡和失踪人数以及经济损失为指标。2012年8月新修订的《国家地震应急预案》按照地震造成死亡和失踪人数或经济损失程度、震级大小，把地震灾害分为四级，即特别重大地震灾害、重大地震灾害、较大地震灾害和一般地震灾害，具体规定如下：

（1）特别重大地震灾害：指造成300人以上死亡（含失踪），或者直接经济损失占地震发生地省（自治区、直辖市）上年国内生产总值1%以上的地震灾害。当人口较密集地区发生7.0级以上地震或人口密集地区发生6.0级以上地震，初判为特别重大地震灾害。

（2）重大地震灾害：造成50～300人死亡（含失踪），或者造成严重经济损失的地震灾害。当人口较密集地区发生6.0～7.0级地震或人口密集地区发生5.0～6.0级地震，初判为重大地震灾害。

（3）较大地震灾害：造成10～50人死亡（含失踪），或者造成较重经济损失的地震灾害。当人口较密集地区发生5.0～6.0级地震或人口密集地区发生4.0～5.0级地震，初判为较大地震灾害。

（4）一般地震灾害：指造成10人以下死亡（含失踪），或者造成一定经济损失的地震灾害。当人口较密集地区发生4.0～5.0级地震，初判为一般地震灾害。

这是我国首次把失踪人数考虑在内作为指标来划分地震灾害等级的。地震灾害等级的确定，是启动不同级别地震应急响应的最根本依据。

第二节　地震的次生灾害

地震造成工程结构、设施和自然环境破坏而引发的灾害，称为地震次生灾害。如地震后引起的火灾、水灾、泥石流、滑坡以及爆炸、瘟疫、有毒有害物质污染等对居民生产和生活的破坏。这些灾害是否发生或者灾害的大小，往往与当地社会条件有着更为密切的关系。

历史经验表明，次生灾害所造成的人员伤亡和财产损失，有时比直接灾害还要大。如果防范不及时有效，由原生灾害引起的次生衍生灾害，会形成灾害链。在一定的条件下，多种灾害还会同时发生，由灾害链放大成灾害群。因此，我们要特别重视地震次生灾害的防范。

一、火灾

地震火灾多是因房屋倒塌后火源失控引起的。地震火灾是地震的主要次生灾害之一。由于震后消防系统受损，社会秩序混乱，火势不易得到有效的控制，从而引起火灾。燃煤和燃油燃气爆炸起火是地震火灾的主要原因。随着现代工业的发展，一个个企业拔地而起，入驻城市周边。其中也不乏大量的加工、使用、经营、运输、存储易燃易爆物品的企业和场所，如城市及周边的加油站、液化气站数不胜数。这些易燃易爆的企业不仅数量多，在规模上也越来越大。这些地方一旦发生地震，将会引发严重的次生火灾。除此之外，在我们的日常家庭生活中，对次生火灾也不可小觑。地震发生后，建筑物及各种设施的倒塌会使煤气管道等爆炸、泄漏，可燃性气体一遇到明火，就会引起火灾。

例如，1923年9月1日的日本关东地震发生在中午人们做饭之时，加之城内民居多为木质构造，震后立即引燃大火，而震裂的煤气管道和油库开裂溢出大量燃油，更助长了火势的蔓延。由于震后消防设施瘫痪，大火竟燃烧了数天之久，烧毁房屋44万多座，因火灾死亡人数达到10多万人。

就我国来说，多数城市人口密度大，住房拥挤，用电设施复杂，易燃易爆设施繁多。多数农村地区房屋建设随意性大，目前仍处于不设防状态。因此，要特别重视地震火灾的防范。合理规划人口密集区布局，对于防御地震火灾具有重要意义。

日本关东大地震引发多处大火

二、水灾

在各种次生灾害中有时损失较为严重的是水灾。因地震引起水库、江湖决堤，或由于山体崩塌堵塞河道造成水体溢出等，均可能造成地震水灾。地震水灾来得突然，特别是人口密集的城市上游发生的地震水灾，往往会使社区居民措手不及，造成严重的人员伤亡和经济损失。地震水灾不仅会造成人畜伤亡，房屋、道路、桥梁等冲毁，还会造成农田和农作物毁坏等。此外，地震后在山区形成堰塞湖，对居民安全造成很大的威胁。例如，1933年8月

25日，四川茂县叠溪发生7.5级地震，造成岷江两岸高山大量崩塌、河道堵塞，形成10多个堰塞湖，45天后（10月9日），因暴雨触发，叠溪高达160米的堰塞湖溃决，洪水掀起几十米高的大浪，翻腾汹涌而下，将叠溪镇全部淹没，死亡数千人。10月10日，洪水涌入灌县（今都江堰市），摧毁都江堰渠首和防洪堤，这次水灾致2万多人死亡，仅在都江堰就捞起尸体4 000多具，冲毁房屋6 800多处。

地震造成的水灾

随着我国经济的发展和城市用水的过度膨胀，城市周边修建起大大小小的水库。这些水库一旦溃决，洪水瞬间汹涌而下，百姓措手不及。并且，我国有很多住房都没有抗震设防，施工质量差，特别是农村地区，很难抵挡地震次生水灾的发生。

三、崩塌、滑坡、泥石流

崩塌是指在陡坡上大块的多裂隙岩块、土体在地震力作用下突然急剧倾落运动。滑坡是指斜坡上不稳定的土体、岩块或堆积物在地震力的作用下，沿坡做整体下滑运动。泥石流是山地在地震力作用下爆发的饱含大量水、泥、砂、石块的洪流。它们都具有爆发突然、运动快速、来势凶猛、破坏力强、成灾率高的特点，都是世界上重大的自然灾害。

地震对崩塌、滑坡和泥石流有触发和促进作用。一方面，由于地震的晃动，震时出现大量的崩塌、滑坡和泥石流；另一方面，地震使斜坡产生新的破坏，促使崩塌、滑坡等继地震后陆续发生。

地震时的崩塌、滑坡和泥石流，有时破坏极为严重。它包括直接造成的灾害，如人身伤亡、毁坏生产生活设施、破坏交通和通信干线等。特别是近些年来人类不合理地开采自然资源，一味地追逐利益的扩大，造成生态环境和地表结构的破坏。崩塌、滑坡、泥石流有时堵塞江河、壅塞成湖，使上游泛滥成灾，溃决后又给下游造成洪水威胁，或引起水库、湖泊、海洋等水体的涌浪，造成严重损失。例如，“5•12”汶川大地震后，大量的崩塌、滑坡受地震的影响触发，增加了大量的松散物源，并有可能在暴雨条件下导致泥石流的产生。因此，地震活动不仅能够诱发大量崩塌、滑坡，震后降雨还有可能产生泥石流。

汶川地震引起的山体滑坡

汶川地震引起的泥石流

四、海啸

由深海地震引起的海啸称为地震海啸。地震时海底地层发生断裂，部分地层出现猛烈上升或下沉，造成从海底到海面的整个水层发生剧烈“抖动”，这就是地震海啸。

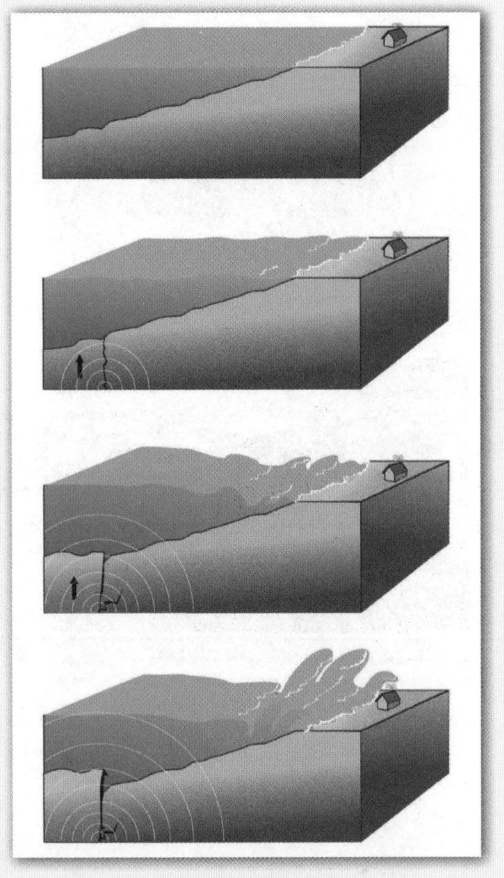
海啸的形成示意图

海啸在深海区域并不危险。而当海啸波进入浅海后，由于海水深度变浅，波高突然增大，它的这种波浪运动所卷起的海涛，波高可达数十米，并形成“水墙”。另外，由于海啸波长很大，可以传播几千千米而能量损失很小，所以海啸到达岸边，“水墙”就会冲上陆地，对人类生命和财产造成严重威胁。

从历史记录和科学分析来看，远洋海啸对我国大陆沿海影响较小。但我国台湾沿海，尤其是台湾东部沿海，地震海啸的威胁不容忽视，特别是由近海地震引起的局部海啸，应给予高度关注。

2004 年 12 月 26 日，印度尼西亚苏门答腊岛附近海域发生 8.7 级强烈地震并引发海啸，海啸激起的海潮最高超过 30 米，波及印度尼西亚周边十几个国家，造成约 30 万人死亡或失踪，经济损失巨大。

2011 年 3 月 11 日，日本东北部海域发生 9.0 级地震，引发了日本有记录以来的最大规模的海啸。强烈地震造成太平洋沿岸地区遭到第一波海啸袭击。地震引发约 10 米高的海啸，最高可达 24 米。海啸吞没了大量的农田和房屋，汽车和船只被海啸席卷着撞上建筑物。这次地震造成 15843 人死亡，3469 人失踪，而大多数遇难者都是被地震后引发的海啸夺去了宝贵的生命。

日本 9.0 级地震引发的强烈海啸

五、有毒有害气体、核泄漏

有毒有害气体、核泄漏是由有毒物质储存装置或核设施在地震中受到破坏而引起的。大地震不仅会造成建筑物的损坏、基础设施的破坏和人员伤亡，还有可能使生产或储存有毒有害物质的设备、容器或输送管道破损，造成有毒有害气体在短时间内向周边泄漏，并在大气中扩散，对人们的威胁极大，有时甚至能造成大量的人员伤亡。核电站、核废料埋置区等核设施也可能因为地震造成核物质泄漏，给灾区造成严重的核辐射危险。毒气污染一般局限于生产、贮存及使用这些物质的部门，涉及面较小，而震后煤气管道泄漏随处可见，不可小觑。如果地震发生在日常做饭时间，千家万户都在使用煤气灶，一旦煤气供应系统某些管线或设备被强烈的地震破坏，就会造成煤气的泄漏、扩散，遇到明火，即酿成火灾，甚至发生爆炸。例如，1976 年 7 月 28 日的唐山大地震发生时，由于地面的强烈震动，天津某化工厂氯气的阀门松口，导致氯气外溢，当时就有 3 名工人中毒，抢救无效后死亡。

2011 年 3 月 11 日，日本东北部海域发生 9.0 级特大地震，引发的核泄漏，造成日本福岛第一核电站 1 ～ 4 号机组发生爆炸。在几天的时间内，第一核电站外泄大量的放射性物质，核电站附近的土地难以继续使用。在随后的一段时间内，此次日本大地震泄漏的放射性物质仍在周边各国扩散。因此，要特别重视震后对有毒有害气体及核泄漏的有效控制。

日本 9.0 级地震造成福岛第一核电站 1 ～ 4 号机组发生爆炸

六、瘟疫、传染病

地震发生后，供水系统、灾区水源等都遭到严重的破坏或受到污染，灾区生活环境严重恶化，极易造成疫病流行。社会条件的优劣与震后灾区疫病是否流行，关系极为密切。地震后，幸存者短时间内失去衣、食、住等起码的物质生活条件，水井、厨房、水塘等生活卫生设施也遭到严重破坏，停水、停电、交通堵塞、通信中断，救援物资运入灾区困难。此时，污水无处可排，垃圾无处堆放，如果天气转热，气温上升，人畜尸体很快腐烂，进而导致水源、空气污染严重。地震后，灾民精神上受到打击，正常生活规律被打乱，机体抵抗力下降，所以历史上有“大震之后必有大疫”的说法。例如，1556 年 1 月 23 日发生在陕西省华县的 8.0 级地震，据史料记载，死亡人数“奏报有名者”达 83 万之众，而实际上直接死于地震的只有 10 多万人，其余 70 万余人均死于瘟疫和饥荒。随着医疗卫生事业的发展，震后瘟疫已得到有效的控制。例如，1976 年唐山 7.8 级地震发生时正值炎热的夏季，但却创造了“大灾之后无大疫”的人间奇迹，次年春季流行传染病发病率比往年还低。

汶川地震灾区开展消毒防疫工作

小贴士 **影响地震灾害大小的因素**

（1）地震震级和震源深度。震级越大，释放的能量也越大，可能造成的灾害当然也越大。在震级相同的情况下，震源深度越浅，离地面越近，地面受到的地震作用越强，破坏也就越重。一些震源特别浅的地震，即使震级不太大，也可能造成“出乎意料”的破坏。

（2）场地条件。场地条件主要包括土质，地形是否有断裂带经过，是否有滑坡、崩塌、沙土液化、沉降等地质灾害影响等。一般来说，土质松软，覆盖土层厚、地下水位高、地形起伏大、有地裂缝通过，都可能使地震灾害加重。

（3）人口密度和经济发展程度。如果地震发生在荒无人烟的高山、沙漠，即使震级再大，也不会造成伤亡和损失。相反，如果地震发生在人口稠密、经济发达、社会财富集中的地区，特别是在大城市，就可能造成巨大的灾害。同样震级的地震，发生在我国东部就比发生在西部的灾害重、损失大。

（4）是否进行了抗震设防。抗震设防是要求建筑物和各类工程结构按照一定的抗震目标进行抗震设计和施工，使结构具有一定的抗御地震破坏的能力。历次地震表明，凡是按照抗震设防标准精心设计和施工的结构在地震中均表现良好，反之则破坏惨重。1976 年 7.8 级地震袭击了唐山市，当时城市没有设防，地震使整个城市变成一片废墟。在 2008 年 5 月 12 日四川汶川 8.0 级地震中，经过设防的城市如都江堰市，虽然离震中很近，倒塌的建筑却不多。即使是在极震区内，经过良好抗震设计和施工的房屋仍然基本完好，经过抗震加固的房屋也表现良好。

（5）震前是否做好救灾准备。如果在破坏性地震发生之前做好准备，包括编制应急预案、制定防震减灾规划、建救援队、有适当的物资储备，做好工程抢险、电力和通信保障措施等，在地震发生后，能够迅速组织和实施有效的救援救助、医疗救护、灾民安置等，就可以最大限度地减少地震造成的人员伤亡和财产损失。

（6）公民的防震减灾意识和技能。震前进行防灾救灾的科普知识教育，有计划地进行救灾演练，可以提高全民防震减灾的素质和技能。历次地震实践表明：自救互救是震后抢救生命最重要和有效的途径，经过训练的民众，开展自救互救会大大提高抢救的成功率；在震后安置、社会安定等各方面，训练有素的社区组织、志愿者和居民能够起到不可替代的作用。

第三章　地震测防

地震测防是指地震监测预报和地震灾害预防。“测”是指通过各种监测手段获取丰富的地下信息，为地震科学研究和最终实现地震预报服务；“防”主要是指抗震设防，提高各类建筑工程的抗震设防能力，通过宣传教育提高社会公众预防地震灾害的能力。两者相辅相成，目的是降低地震灾害风险，保护人民生命财产安全。

第一节　地震监测预报

一、地震监测

地震监测是对地震发生及与地震发生有关的现象进行监视与观测，为地震预报和科学研究提供及时、准确、连续、可靠的观测资料，是防震减灾工作的基础。

候风地动仪

我国的地震监测历史悠久，世界上第一台记录地震的仪器——候风地动仪，是我国东汉时期的科学家张衡在公元132年发明的。这架地动仪四周有八个龙头，龙头对着东、南、西、北、东南、西南、东北、西北八个方向，当某个地方发生地震时，悬垂摆拨动小球通过“八道”，触动机关，使发生地震方向的龙头张开嘴，吐出铜球，落到铜蟾蜍的嘴里，于是人们就可以知道地震发生的方向，从而开创了人类观测地震的先河。

我国利用现代地震仪器观测地震开始于清末，当时帝国主义侵占我国领土，划分势力范围，日本、法国、俄国、德国先后在我国建立了20多个地震台。1930年我国地震科学家李善邦，在北京西山鹫峰山麓建立了第一个地震台。1932年在南京北极阁，1943年在重庆北碚又相继建立了地震台。20世纪50年代与苏联的专家合作，对原来的地震台进行了调整和补充，至1958年底全国已有12个地震台。20世纪60年代，又增设了乌鲁木齐、泰安、沈阳等8个基本台，组成了全国地震观测基本台网。

我国建立的第一个地震台——北京鹫峰地震台

经40多年的努力，我国地震监测系统经历了从无到有、从单台到组网、从模拟到数字化、从台网到系统的艰难发展历程。在学习借鉴国际先进技术的基础上，经过长期自主研发和艰苦攻关，逐步掌握了核心技术，先后自主研制了150余种地震监测仪器，其中数字测震仪、激光测距仪、石英水平摆倾斜仪、相对重力仪、浮子倾斜仪、石英伸缩仪和钻孔应变仪等均达到了国际同类仪器的先进水平，部分仪器销往海外。“八五”期间研制了数字化地震观测系统，并在“九五”期间开始推广，这是我国地震监测技术的一次革命。“十五”期间全面采用网络化仪器新理念，实现对地震台站观测仪器的远程设置、维护和监控，成为地震监测技术的一次新的飞跃。我国地震监测台网实现了数字化、网络化和自动化，台网技术已达到国际先进水平，初步形成学科丰富、方法多维、固定为主、流动辅助和中央地方相结合的地震监测模式。地震监测台网已具备一定规模。地震监测台网由测震、地形变、电磁和地下流体等台网组成。各类监测台网由监测台站和台网中心构成，监测台站负责数据采集、存储和传输，台网中心负责数据汇集、整理存储、处理分析、产品服务以及运行维护和管理。

目前，我国初步形成了国家、区域和地方分级地震监测系统，形成了地磁与地电、地形变与重力、地下流体观测网络，实现了多学科的地球物理场常态化监测，建成了火山监测台网、应急流动观测台网和科学探测台阵。地震监测能力得到显著提升，绝大部分地区地震监测能力达到2.5级，重点监视防御区和人口密集城市达到1.5级。地震发生后，国内地震2分钟左右自动速报，10分钟左右完成正式速报，即地震发生的时间、地点和震级。

未来，我国将建立立体地震监测体系，全国地震监测能力达到2.0级。实施《国家地震科技创新工程》“解剖地震”计划，以探索地震孕育机理为目标解剖典型震例，利用新技术新方法建立强震孕震的数值模型，丰富和发展大陆强震理论，逐步深化对地震孕育发生规律的认识。目前，我国开辟了川滇地震监测预报实验场，为实施“解剖地震”计划打下了坚实基础。

拓宽空间对地观测。2018年2月2日，酒泉卫星发射中心发射了首颗由我国自主研发建造的电磁监测试验卫星“张衡一号”。“张衡一号”是我国立体地震观测体系第一个天基平台，由此我国首次具备全疆域和全球三维地球物理场动态监测能力，也成为唯一拥有在轨运行的多载荷、高精度地震监测试验卫星的国家。

发展海洋地震观测，加强海洋地震观测系统的研制和发展，在黄海、东海地区建设海岛、海底综合观测台阵，开展海域重力地磁流动观测，提高海洋地震观测能力。

二、地震预报

地震预报是向社会公告可能发生的地震的时域、地域、震级范围等信息的行为，是防震减灾工作的基础。我国的地震预报研究和实践以邢台地震为起点，经过几代地震工作者的辛勤努力，既有预报成功的喜悦，也有预报失败的阵痛。

1966年3月8日至3月22日，河北省邢台先后发生6.8级和7.2级大地震，造成重大人员伤亡和财产损失。周恩来总理三次视察地震灾区，并向科学工作者发出了“希望在你们这一代解决地震预报问题”的号召。全国约有54个科研单位，2600余名科技人员来到邢台震区，利用各自的学科优势，在尚无经验可借鉴的情况下，开展地震预报探索。在各级政府的重视支持下，震区群众纷纷建立以地下水和动物为主要观察对象的测报点，参加观察活动的不仅有农民，还有干部和中小学师生，形成了一支人数众多的业余测报队伍，这就是我国地震群测群防工作的伊始。我国的地震预报工作由此在地震废墟上起飞。一支“专群结合”的地震预报队伍，在邢台地区建立了一批地震前兆观测台站，使用20余种方法进行观测，取得了一批有价值的观测资料。他们紧紧抓住这些经验性认识不放，本着实践第一的原则，边观测、边研究、边预报，探索从观测资料中排除干扰，提取信息，进行地震预报方法与途径的实践，为地震预报思路的形成和地震预报的成功实践奠定了基础。

20世纪70年代，我国的地震预报有了很大的发展。震前波速比等观测资料变化增强了人们的信心，提出了相应的地震孕育模式。尤其是1975年对海城7.3级大地震成功的预报，降低了损失，震惊了世界，大家似乎认为，攻克地震预报难关已为期不远了。然而，正当我国地震工作者为海城地震预报成功而欢欣鼓舞之时，1976年唐山大地震的发生，使人们从辉煌的顶峰一下又跌落到了黑洞洞的深渊。经过科学总结与反思，他们较为清醒地认识到，地震前兆变化是多样的和复杂的，某些观测资料的异常变化与地震之间无必然的联系，地区的不同，地震类型的不同，可能出现不同的情况，甚至在同一地区不同地震所造成的观测资料变化也是截然不同的。这种情况促使地震工作者对地震预报研究与实践进行重新评估，充分估计地震预报所面临的困难，从多方面探索地震预报的途径。

海城地震成功预报

20 世纪 80 年代到现在，主要是部署先进的地震观测系统与相应的分析处理系统，使地震台网监测工作实现了数字化、网络化、集成化，提高了观测的精度，丰富了观测信息，实现了数据的实时传递和共享，在地震的速报及分析预报中发挥着重要的作用。同时，在预期可能发生强震地区，加强布设高密度高灵敏度的地震观测台网，加强震情短临跟踪工作，强化地震观测与分析，进行地震预报实验。

在取得大量现场震例和实际经验的基础上，通过对孕震过程和地震前兆的深入研究，我们逐步发展成具有中国特色的地震预报方式，形成了“长、中、短、临”的阶段性渐进式地震预报科学思路和工作程序。地震的孕育、发展和发生是一个系统演化过程，这个过程的不同阶段则显出不同特征的前兆异常，从而有可能依据孕震过程中不同阶段所表现出的具有阶段性特征的前兆异常，开展阶段性地震预报。其中，地震长期预报，是指对未来10年内可能发生破坏性地震的地域的预报；地震中期预报，是指未来一两年内可能发生破坏性地震的地域和强度的预报；地震短期预报，是指3个月内将要发生地震的时间、地点、震级的预报；临震预报，是指10日内将要发生地震的时间、地点、震级的预报。

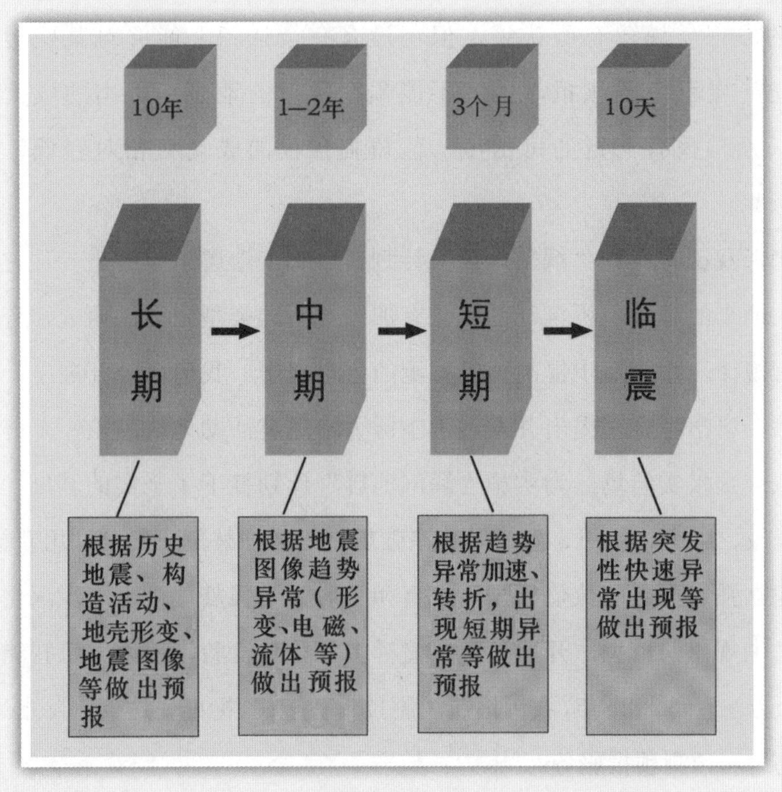

我国地震预报的种类

虽然从根本上说，我国与世界各国一样，当前的地震预报尚处于低水平的探索阶段，而且与日本、美国等国相比，在地震观测技术、仪器设备、通讯技术、数据处理技术等方面仍有差距，但在震例资料、观测到的前兆现象和积累的地震预报经验上是其他国家无法比拟的。在总结预报经验的基础上，我们进一步研究了地震预报的判据、指标和方法，建立了一套地震预报的震情跟踪技术程序，把地震预报向实用化方面推进了一大步，而其他国家只停留在研究或在个别地区以实验场的方式进行实验。自 1966 年以来，我们在政府、专家和广大人民群众的共同配合下，对海城、松潘地震等取得了有减灾实效的较为成功的预报，在世界地震科学史上写下了光辉的一页。

总之，我国目前的地震预报水平和现状大体可这样概括：对地震孕育发生的原理、规律有所认识，但还没有完全认识；能够对某些类型的地震做出一定程度的预报，但还不能预报所有的地震；做出的较大时间尺度中长期预报有一定的可信度，但短临预报的成功率相对较低，特别是临震预报。

未来，我国将实施“解剖地震”计划。历史上地震科学的进步往往都是通过对大地震的深入剖析推动的，只有加强对不同类型强震的研究，分析总结其特有规律，才能逐步提高地震预测的科学水平。我国已经开展了一系列大地震综合科学考察，提出并发展了中国大陆地震活动地块理论，开辟了川滇地震监测预报实验场，为实施“解剖地震”计划打下了坚实的基础。本计划将对海城、唐山、汶川、玉树等典型强震进行详细解剖研究，利用新技术、新方法建立强震孕震的数值模型，丰富和发展大陆强震理论，逐步深化对地震孕育发生规律的认识，开展地震数值模拟实验与检验，探索人工智能等地震预测新方法。到 2025 年，我国地震观测技术智能化、标准化达到国际水平，更有效地为地震预测预报服务。

小贴士 **蛤蟆大搬家就是要发生地震吗？**

蛤蟆是指青蛙和蟾蜍，属两栖类动物。这类动物震前习性异常的主要行为方式，是不适时令的冬眠现象出现。非冬眠季节的震例在资料中很少见。据分析，蛤蟆冬眠季节出现的震前异常原因可能与冬眠蛇出洞相类似。专家们曾对 1975 年辽宁海城地震前 1 月 1 日至 2 月 4 日期间的冬眠蛇出洞，与

1976年1月1日至2月10日山西临汾地区出现的冬眠蛇出洞（其数量超过海城地震前）进行了对比研究。结果表明，这两个地区冬眠蛇出洞都是与蛇窝温度的增高有关，但两者生态特征上的差异却与本地区当时的气温背景直接有关。海城地震前冬眠蛇在0℃以下的低气温环境中出洞的“自杀”现象，是与当时地层温度增高2℃～3℃有关，出洞后大多数呈冻僵状态。临汾地区冬眠蛇是在活动温度线（4℃以上）的高气温环境中出洞，与当时的一股暖气流经过该地区的持续增温有关，出洞后大多数呈活动状态。显然临汾地区的冬眠蛇出洞事件是一种非地震的自然现象。

所以，无论是蛇还是蛤蟆，其行为表现存在多种因素，其行为异常并不预示着一定会发生地震。

三、地震预报的难点

当今科技高速发展，宇宙飞船让我们遨游太空的梦想已经实现，气象卫星对地球大气的风云变幻时刻监控，但人们对于地球内部的了解却非常有限。地球物理探测方法的深度只有几千米，世界上最深的钻井在俄罗斯科拉半岛西北部的贝辰加地区，位于北极圈以北250千米处，深度12 262米，而地球平均半径约为6 371千米，我们深入地下的程度是地球半径的大约1/600。因为科学发展的局限性导致所谓“地球的不可入性”，这正是地震预报成为世界性难题的主要原因。

地震预测的难点概括起来有以下几个方面：

（一）地震发震机制不明

地震预报的研究对象，是发生在地下深处的复杂地质现象——地球物理过程，目前既看不见，也摸不着。人们只能依靠在地表上建立的地震台站观测的资料，来推测地下发生的变化，所以这种推测缺乏唯一性。

（二）地震孕育的复杂性

地震是地球上规模宏大的地下岩层破裂现象，其孕育过程又跨越了几年、几十年，甚至更长时间，而且地震的孕育、发生、发展过程十分复杂，地震类型也十分复杂。在不同的地质构造环境、不同的时间阶段、不同震级的地震，都会显示出相当复杂的孕育过程。这个是很难在实验室或者野外进行模拟试验的，也很难用经典物理学从本质上加以描述。所以在地震预报中经常会遇到“震无常例”的困难。

（三）地震发生的小概率性

大家都能从电视上看到，全球每年都有地震发生，但对于一个地区来说，强烈地震可能是几十年、几百年或者更长的时间才能遇到一次。对于不同地区，甚至不同时期的孕震过程，机理差异也很大，进行研究要有足够的统计样本，而这个样本的获取，在一个人的有生之年是非常困难的。

四、地震预报的发布

地震预报的发布是一项涉及人民生命财产和社会安定的大事，为此，我国对地震预报的发布特别重视和谨慎。1998 年 12 月 17 日，国务院发布了《地震预报管理条例》（以下简称《条例》）。《条例》规定，一个完整的发布地震预报过程包括四个程序：地震预测意见的提出、地震预报意见的形成、地震预报意见的评审和地震预报的发布。

（一）地震预测意见的提出与地震预报意见的形成

地震预测意见属科学行为，它必须是依据真实、可靠的资料通过科学分析得到的，绝非无根据的主观臆测。任何单位和个人都可以提出地震预测意见，但必须上报县级以上地震工作部门或机构，而不得向社会散布。地震预报意见只能由县级以上地震工作部门或机构，通过召开地震会商会的形式产生。

（二）地震预报意见的评审制度

由于地震预报发布属政府行为，不仅要考虑地震预测中的科学问题，而且要考虑与其有关的社会、经济影响。各级地震工作部门或机构作为同级政府主管地震工作的职能部门，在向政府报告地震预报意见的同时，必须提出相关的防震减灾工作部署建议。为此，需要建立地震预报的评审制度，紧急情况可以不经评审。地震预报的评审工作规定由国家和省级地震工作部门组织。

（三）国家对地震预报实行统一发布制度

全国性的地震长期预报和地震中期预报，由国务院发布，地震短、临预报由省级人民政府发布。但考虑到我国地震预报的现状，特别是近几年来对一些中强地震做出有减灾实效的发布短临预报的实例，特别授予市、县人民政府可以发布 48 小时之内的临震预报的权限。但这个特别授权只能在已经发布地震短期预报的地区。

此外《条例》规定，从事地震工作的专业人员违反《条例》规定，擅自向社会发布地震预测意见、地震预报意见及评定结果的，依法给予行政处分。

五、正确识别网络地震谣言

在网络化时代，我们很多人都有一部手机，也许当你打开朋友圈时，会看到一条以《地震警示，河南》为题目的“地震预测信息”，或者在电脑百度贴吧上看到《最新地震预报消息》等。这些网络地震谣言，扰乱了我们的生产和生活秩序，给我们正常生活带来影响。那么，我们该如何正确识别网络上这些地震谣言呢？

所谓网络地震谣言，是指通过互联网传播的没有事实依据或缺乏科学依据的地震信息。俗话说：“真的假不了，假的真不了。”只有我们学习掌握了防震减灾的基础知识，科学预防地震风险，学会识别网络地震谣言，在网络上不信谣、不传谣，网络上的地震谣言才没有传播的空间。

（一）超过目前地震预报的实际水平

地震谣言所说的震级往往较大，对地震发生的时间、地点、震级预测得十分准确，超过了目前地震预报的实际水平。

（二）打着权威部门和专家的旗号

宣扬来自所谓“中国地震局某某部门”“某某知名专家”的预测，借助权威来迷惑网民，达到其不可告人的目的。

（三）预测的依据不可信

地震预报是世界性的科学难题，有的大地震之前会伴有动物、植物、地下水等一系列的宏观异常现象。但仅凭上述宏观异常现象，并不能预测未来一定时期会发生地震。也就是说，异常现象的出现和地震的发生并不是一对一的关系。

（四）运用恐吓的标题或句子

在网络地震谣言传播过程中，恐吓式地震谣言用语成为网络传播的主流，如《地震警示，河南》《要命的进来》等，以此来刺激网民敏感的神经，引起受众关注，产生恐惧，进而广泛传播。

（五）跨国地震预报

如果网络上传说地震是由外国人预报的，那肯定是谣传，因为这既不符合我国关于发布地震预报的规定，也不符合国际的约定。

此外，对地震后果过分渲染。一些小震发生后，造谣者往往在网民中鼓吹小震之后将发生更大的地震，甚至会出现“某个地方将要下陷”“某个地方要遭水淹”等传言，这种耸人听闻的消息也是不可信的。

面对网络地震谣言，我们要科学应对：一是不相信。尽管地震预报尚未过关，但是有地震部门在进行监测研究，有政府部门在组织和部署有关防震减灾工作，因此不要相信毫无科学依据的地震谣言。二是不传播。应当相信，只要政府知道破坏性地震将要发生，是绝对不会向人民群众隐瞒的。因此，如果看到网络上地震谣言，千万不要继续传播。三要及时报告。当我们看到网络上的地震传闻时，要及时向当地政府和地震部门反映，协助地震部门平息谣言。

恶意造谣传播谣言属违法行为。为了防止地震谣言给社会带来的种种不良影响，《条例》第十七条规定：发生地震谣言，扰乱社会正常秩序时，国务院地震工作主管部门和县级以上地方人民政府负责管理地震工作的机构应当采取措施，迅速予以澄清，其他有关部门应当给予配合、协助。《条例》还规定：制造地震谣言扰乱社会正常秩序的，依法给予治安管理处罚。此外，有关部门要加强防震减灾知识宣传教育，提高公众的防震减灾意识和识别地震谣言的能力，同时向社会公众提供获取正确信息的渠道。

小贴士　地震烈度速报与预警

2015 年，经国务院批准，建设“国家地震烈度速报与预警工程”，计划于 2020 年左右建成使用。整个工程包括两大部分，即“地震烈度速报”和“地震预警”，建设内容包括台站观测系统、通信网络系统、数据处理系统、紧急地震信息服务系统、技术支持与保障系统五大系统。

地震烈度速报，就是在地震发生后，通过观测仪器直接快速测量地面及房屋等建筑物受地震破坏的程度，并通过网络发布，为人员伤亡估计、经济损失评估、应急救援和工程抢险修复决策提供依据。

地震预警，就是在大地震发生以后，在发生地震附近的地震监测台站检测到地震，马上发出警报，从而使距离地震较远的地方在破坏性地震波还没有到达之前可以避险和逃生。

由于地震波的传播速度每秒仅为几公里，相对电波的传播速度每秒 30 万公里要慢得多，人们就将发生地震的消息用电波手段（广播、电视、手机等）迅速地传给远方，在距离发生地震较远的地方，收到警报时地震波还未

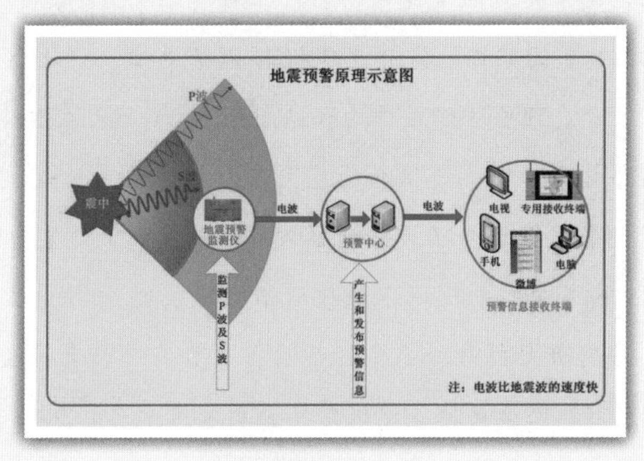

地震预警原理示意图

到达前，利用地震预警系统提供的宝贵的数秒至数十秒预警时间，人们可以采取紧急避震措施，进行逃生和关闭电、气、水等生命线设施，使地铁、高铁减速等，这样就可以减少地震造成的损失，避免次生灾害的发生，减少人员伤亡。这就如同防空警报一样，知道敌机已经起飞了，拉响防空警报，提醒人们躲避。

目前，日本、墨西哥、美国等国家和我国台湾地区依托实时地震观测台网，建成了现代化的地震预警系统。中国地震局从2000年开展了前期探索，汶川地震后启动了"地震预警与烈度速报系统的研究与示范应用"项目，全面开展了关键技术及实用化技术研究，研发了地震参数自动速报和地震预警及烈度速报系统，制定完善了相关技术标准，在福建、首都圈、兰州和唐山地区建设了地震预警试验示范区，取得了预期效果。

作为地震预警服务的前期基础，从2013年4月1日起，中国地震台网中心通过手机、网站、微博、移动客户端等渠道，在震后1～2分钟向全社会实时发布自动地震速报信息。工程应用方面，在京津、京沪、京石武和哈大等高铁客运专线完成了地震监控系统布设并实现阈值报警工程，推动了福建、成灌、成绵乐等高铁专线的预警试验工作。广东大亚湾、秦山、岭澳核电站也分别建成了类似的阈值报警系统。

根据规划，国家地震烈度速报与预警工程将在全国新建和升级改造5000余个地震台站、1个国家级地震烈度速报与预警中心、31个区域级分中心。在全国4个重点地震预警区建成平均台站间距为25千米左右，以地震基准站为主的地震预警骨干台网，提供全国范围内分钟级仪器地震烈度速报和重点地区秒级地震预警服务。我国大陆地区发生5.0级以上地震时，震后5～10秒发出预警，2～5分钟给出城市烈度速报结果，15分钟内给出地震烈度空间分布图，30分钟开始持续给出灾区范围、人员伤亡和直接经济损失等灾情评估结果，重点监视防御区地震速报信息公众覆盖率达到90%。

地震烈度速报与预警工程建设，将增强地震参数和震源参数速报能力、灾情快速评估能力，为政府应急决策、公共逃生避险、重大工程地震紧急处置、地球科学研究提供及时丰富的地震安全服务和数据，有助于提高我国政府和社会的地震应急反应能力，在减少人员伤亡和财产损失方面发挥重要作用。

根据地震预警的原理，地震预警无法为破坏最严重的震中地区提供预警，而大量人员伤亡和财产损失却往往发生在这些盲区内；预警时间仅为数秒至数十秒，留给公众的应急处置时间极短，减灾效果有限；地震参数估算的偏差，可能会出现漏报、误报、错报等，这些都是地震预警的局限和可能带来的风险。但无论如何，地震预警这种新技术，随着在大地震中的预警实践，会越来越完善，并为减少大地震中人员伤亡做出贡献。

第二节　地震应急避难场所

地震应急避难场所，是指为应对地震等突发事件，经规划、建设具有应急避难的生活服务设施，可供居民紧急疏散、临时生活的安全场所。我国第一个地震应急避难场所是2003年10月北京市政府在朝阳区元大都城垣遗址公园建立的。2004年中国地震局下发了《关于推进地震应急避难场所建设的意见》，地震应急避难场所建设在全国各大中城市展开。

一、认识地震应急避难场所标志

应急避难场所一般建在公园、绿地、广场、大型体育场、学校操场等。根据GB 21734—2008《地震应急避难场所场址及配套设施》规定，地震应急避难场所分为以下三类：Ⅰ类地震应急避难场所——具备综合设施配置，可安置受助人员30天以上；Ⅱ类地震应急避难场所——具备一般设施配置，可安置受助人员10～30天；Ⅲ类地震应急避难场所——具备基本设施配置，可安置受助人员10天以内。

地震应急避难场所内部设施标志

编号	图形符号	名称	说明
1-1		应急避难场所	应急状态下，供居民紧急疏散、临时生活的安全场所
1-2		应急指挥	应急避难场所中用于应急指挥的场所，如应急指挥部、应急指挥所
1-3		应急报警	应急避难场所中用于应急安全保卫的场所
1-4		方向	表示方向。符号方向根据实际情况设置
1-5		应急棚宿区	应急避难场所中供灾民使用的临时帐篷区
1-6		应急医疗救护	应急避难场所中用于提供应急医疗救护、卫生防疫

续表

编号	图形符号	名称	说明
1-7		应急供水	应急避难场所中提供饮用水的场所
1-8		应急水井	应急避难场所中提供井水的场所
1-9		应急供电	应急避难场所中供电、照明的设施
1-10		应急通信	应急避难场所中提供应急通信设备的区域
1-11		应急厕所	应急避难场所中简易厕所
1-12	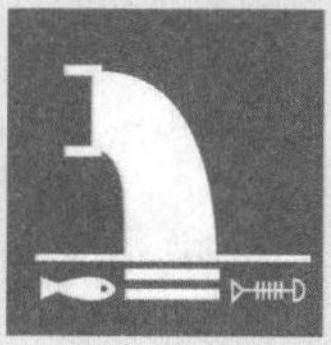	应急污水排放	应急避难场所中污水排放的地点

续表

编号	图形符号	名称	说明
1-13		应急垃圾存放	应急避难场所中垃圾集中存放的地点
1-14		应急灭火器	应急避难场所中提供应急灭火器的地点
1-15		应急物资供应	应急避难场所中储存、发放救灾物资的场所，如应急物资发放点、应急物资储运站等
1-16	P	应急停车场	应急避难场所中机动车停放的区域
1-17		应急停机坪	应急避难场所中供救灾直升机使用的紧急停机坪

为了让人们了解地震应急避难场所的位置，便于识别和寻找，GB 21734—2008《地震应急避难场所场址及配套设施》规定，在应急避难场所出入口、周边主干道、路口都应该设置明显的指示标志。城镇居民平时应记住这些应急标志的图形符号、名称和用途，一旦发生破坏性地震，能快速到达避难场所避难和寻求帮助。

地震应急避难场所标志

地震应急避难场所

二、熟悉地震应急避难场所路线

GB 21734—2008《地震应急避难场所场址及配套设施》规定，应急避难场所应有方向不同的两条以上与外界相通的疏散道路，以保证可通达性要求。同时有关部门应按照GB 5768—1999《道路交通标志和标线》规定，制作应急避难场所的路线指示标志，并安放在非常醒目的位置。志愿者平时要留意社区周围的应急避难场所的位置，熟悉安全通道标志，学会利用这些标志选择最近的路线到达避难场所，在破坏性地震发生后，最大限度地发挥避难场所的应急避难作用。

应急避难场所方向、距离指示标志

安全通道和安全楼梯标志

三、了解地震应急避难场所设施

GB 21734—2008《地震应急避难场所场址及配套设施》规定，应急避难场所的设施分别包括：基本设施、一般设施和综合设施。

基本设施：包括救灾帐篷、简易活动房屋、医疗救护和卫生防疫设施、应急供水设施、应急供电设施、应急排污设施、应急厕所、应急垃圾储运设施、应急通道等。

一般设施：包括应急消防设施、应急物资储备设施、应急指挥管理设施等。

综合设施：包括应急停车场、应急停机坪、应急洗浴设施、应急通风设施等。

各类设施都有明确的标志，形象地标示了设施的位置和功能。人们进入应急避难场所后，可充分利用这些标志，让避难时的生活更加便利。

小贴士　如何判断地震的大小和远近

地震有大有小，有远有近，不同大小、远近的地震造成的破坏程度不同，采取避险的方法也不同。远震、小震不用担心，近震、大震才需要避险。因此，地震发生时，人们应沉着冷静，注意判断地震的大小、远近。

远震和近震的区别是：近震先上下颠簸，后左右或前后摇晃；远震无上下颠簸，为长周期的左右或前后摇晃。

大震和小震的区别是：小震感觉不到上下颠簸，仅感觉到轻微的极短的左右或前后晃动，有的仅感觉到被推了一下。大震先上下颠簸，后左右或前后摇晃；震级越大，颠簸、摇晃幅度越大，持续的时间也越长。

第三节　家庭防震准备

常言说："有备无患，震时不乱。"为了应对突发性地震灾害，有效减少每个家庭的人员伤亡和财产损失，平时就要做好一些震前准备。那么，作为社会细胞的家庭，应做好哪些准备来预防地震灾害呢？

一、准备应急包

为了预防地震等突发性灾害的来临，平时在家里面应该准备一个应急包，以备紧急情况下使用。别小看这个小小的应急包，在关键时刻就会发挥大的作用。应急包内应放以下物品：

（一）应急类物品

应急类物品主要包括哨子、手电筒、口罩、便携式收音机、方便食品、瓶装水、雨衣、电池、火柴或打火机、卫生纸等。

哨子的主要用途是，万一被埋或被困，可以用吹哨子的方式呼救或对外联络，既节省体力，声音传播得还较远。

地震时，电力供应往往会中断，特别是在夜晚发生的地震，震后转移时，手电筒就会起到很大的作用。

口罩可用于地震造成灰尘或烟雾弥漫的场合，用来阻隔烟尘的熏呛，保护口、鼻等呼吸器官。

在和外界通信受阻时，通过收音机就可以及时收听到关于灾情和救援的情况，以稳定心情。

方便食品要挑选不需冷藏、即开即食、少含或不含水分的固体食品，如饼干、方便面等。

（二）医药品

医药品包括止血药、止疼药、止痢药、感冒药、消毒液、抗生素等急救药品，以及创可贴、消毒酒精、纱布、绷带等。

另外，如果有可能，还可以准备下面这些物品：应急逃生绳、安全帽、强化手套、硬底鞋、野炊炉具、应急灯、刀或开罐头器、内衣、笔和本、帐篷或睡袋等。

应急包中的物品

二、检查家居，扫除隐患

地震时，室内家具、物品的倾倒、坠落等，常常是致人伤亡的重要原因，因此家具物品的摆放要合理。

高大家具要固定，顶上不要放重物；组合家具要连接、固定在墙上或地上。橱柜内重的东西放下边，轻的东西放上边，做到“重在下、轻在上”。把阳台护墙、护栏上的花盆及其他物品拿下，防止地震时坠落。

不要在窗台上放花盆和杂物，以防掉落伤人

此外，床的位置要避开外墙、窗口、房梁，选择室内坚固的内墙边安放；床的上方，不要悬挂金属和玻璃制品及其他重物。清理杂物，让门口、过道畅通，便于震时从室内撤离。

放置好家中的危险品，包括易燃品（煤油、汽油、酒精、油漆等）、易爆品（煤气罐、氧气包、氧气瓶等）、有毒品（杀虫剂、农药等)、这些物品极易引起地震次生灾害，要妥善存放，做到防撞击、破碎、翻倒、泄漏、燃烧和爆炸。

此外，一些重要的家庭文件和物品要放好，如备份的家里钥匙、现金、银行卡、家庭记录（出生证明、结婚证明、死亡证明等)、家庭所有成员的近期照片等，以保证震后容易找到。

三、家庭应急演练，自如应对震灾

2005 年 11 月 26 日，江西九江发生 5.7 级地震。此次地震九江市共死亡 12 人，其中 5 位儿童， 7 位成人。有关专家在灾后调查时发现，死亡的 12 人中，绝大部分并非直接被震塌的房屋压死，而是由于防震知识的空白，在震时慌不择路、盲目逃生，有的跑到房檐下，有的躲在建筑物密集的地方，被附近掉落的屋顶砖瓦、墙头上震毁的女儿墙等砸死。

因此,当发现房屋开始摇晃时,第一时间就能知道去哪儿躲避则非常重要。如果在地震发生前就做好了准备和演习，我们和家人就能在察觉震感的第一时间及时、正确地做出反应。防震演练可以让我们知道如何应对地震。

震时避险，很多事情要在极短时间内和困难的条件下完成，包括避险、撤离、联络等，通过家庭演练，能很好地检验家庭的防震准备工作，提高应急避险技能。

（一）一分钟紧急避险

地震强度可设为一次破坏性地震。假设地震突然发生，在家里怎样避震？地震发生时全家人在干什么？避震方式是在室内避震，还是室外避震？根据每人平时正常生活环境，确定避震位置和方式。

演练结束后，可以计算一下时间，看是否达到紧急避震的时间要求，总结经验，修改行动方案后再做演练。

（二）震后紧急撤离

假设地震停止后，如何从家中撤离到安全地点，撤离时要带上应急包，家里的年轻人负责照顾老年人和小孩，要注意关上水、电、气和熄灭炉火。

（三）紧急救护演练

掌握一些伤口消毒、止血、包扎等知识，学习人工呼吸等急救技术，了解骨折等受伤肢体的固定，以及特殊伤员的运送、护理方法。

此外，可以召开家庭会议，制定自家独特的应急方案，具体内容可以包括以下几个方面：

第一，确定家庭成员集合处。就是约定发生地震时（后），从屋内撤离到屋外的安全地点。安全地点最好选两处，第二处作为备选，当第一处因各种情况不能到达时，就去第二处。

第二，确定家庭紧急联络人。在本地和外地各选择一位“家庭紧急联络人”。这样，地震发生后，家庭成员如果走失，可以通过此两位固定的联络人取得联系。

基本家庭应急方案
家庭成员集合处：
集合处电话：
地址：
家庭紧急联络人：
电话：

第三，准备家庭成员信息卡。为每位家庭成员准备一张信息联络卡（老人和儿童尤其必需）。上面记录本人的姓名、家庭住址、家庭其他成员、联络电话、年龄、血型、既往病史等信息。信息卡注意每年更新，并在家庭紧急联络人处备份。将“家庭紧急联络人”的号码和常用报警号码贴在家中电话机上或近旁。有了家庭成员信息卡，在震后救援中，我们就便于寻找家人和施救。

家庭成员信息卡					
姓名		年龄		血型	
家庭住址				电话	
家庭其他成员				电话	
家庭紧急联络人				电话	
既往病史					

四、用防震减灾知识守护生命

“5·12”汶川地震中，一些本可逃生的人，却由于缺乏防震减灾知识遭遇了不幸。北川一位羌族老妈妈震时离房门口只有一步远，可她没想到朝外跑，而是躲藏在一堵墙下用双臂紧紧护住自己的孙子，后来祖孙俩都被埋在了废墟里。在青川沙州镇有5个孩子本来已在房屋破坏前逃了出来，可是他们藏在了一堵墙下，结果被倒塌的围墙砸死。距他们一步之遥就是开阔的街道，可惜孩子们没有避震的基本知识。

绵竹市土门镇向阳村地震测报员雷兴和在5月12日下午2点多去观测井察看时，发现了井房边上养鱼池中池水翻涌、大量鱼跳出水面的宏观前兆异常现象，凭着强烈的测报责任感与多年的测报经验，他立即大喊:“地震了，快跑啊！”老雷一声大吼，促使全村80多位村民跑出屋外，紧接着大地震发生了，多数房屋倒塌，但村内无一人伤亡。

这些事例告诉我们，有无防震减灾知识和意识，效果大不一样。只有掌握了防震减灾知识，才能在震时更好地保护自己和救助他人。

第四章　志愿者与地震灾害救援志愿者

志愿者与志愿者服务由来已久，是人类社会文明发展的结晶。在世界各地战争、自然灾害、瘟疫等灾害发生之处，都可见到志愿者的身影。2008年5月12日四川汶川8.0级特大地震发生后，超过300万人的志愿者深入灾区，在抗震救灾中发挥了应有的作用，这一年被称为“中国志愿者元年”。同年12月27日，第十一届全国人大常委会第六次会议审议通过了新修订的《中华人民共和国防震减灾法》，首次对地震灾害救援志愿者做了相关的法律规定，标志着我国地震灾害救援志愿者有了法律的保障，进入了新的历史时期。

第一节　志愿者与志愿服务

无论是志愿者个人，还是志愿者组织，其宗旨和行为是志愿服务。从历史和现实的角度认识、了解志愿者成长的轨迹、服务的内涵、精神的实质，对于我们普及志愿者理念、弘扬志愿者精神、推动志愿服务持续化发展，具有重要的现实意义。

一、志愿者定义

当今社会，志愿者活动于世界各地。对于志愿者来说，由于各国或各地区社会制度、文化传统的不同，其定义也有所不同。

“志愿者”是一个没有国界的名称，英文volunteer来源于拉丁文中valo或velle，意思是“希望、决心或渴望”，也有的释为“意愿”。国际社会给志愿者的定义是：志愿者是在不为任何物质回报的情况下，为社会、为他人提供服务，贡献个人时间及劳动的人。在西方，志愿者被认为是在职业之外，不受私人利益、不为任何物质报酬或法律强制，为改进社会、提供福利而付出努力的人们。联合国前秘书长科菲·安南则指出："志愿者是在不为物质报酬的情况下，基于道义、信念、良知、同情心和责任，为改进社会而提供服务，贡献个人时间和精力的人群。"对于这一概念，我国一般称为"志愿者"。

2013年修订的《中国注册志愿者管理办法》中，将志愿者定义为：不以物质报酬为目的，利用自己的时间、技能等资源，自愿为国家、社会和他人提供服务的人。《中国青年志愿者注册管理办法》中，将志愿者定义为：不为物质报酬，基于良知、信念和责任，志愿为社会和他人提供服务和帮助的人。《中国社会工作协会志愿者工作委员会章程》中将志愿者定义为：志愿者是不为报酬而主动承担社会责任的人。在香港，志愿者被称为"义工"，香港义务工作发展局将"义工"定义为：在不为任何报酬的情况下，为改进社会而提供服务，贡献个人时间及精神的人。台湾地区将志愿者称为"志工"。

目前，国际社会虽然没有给予志愿者统一的定义，但是从以上定义的内涵来看，它们具有共性之处。归纳起来，志愿者的基本特征有以下几个方面：

（1）自愿。即主观自觉选择，没有强制性，不受外界诸多因素的干扰。

（2）不图物质报酬。即动机上不追求物质报酬，行为上明显区别于追求个人利益最大化的经济行为，但不否定开展志愿服务需要一定的物质条件。

（3）服务于社会公益事业。即服务的内容应是社会公众的公共利益和困难群体的利益，不是社会非困难群体的小团体利益，也不是属于政府职责范围内的事情。

（4）奉献个人可支配资源。与以物质捐助为主的慈善活动不一样，志愿服务主要奉献个人的时间、精力、智力、经验等个人可支配资源。

（5）非本职职责范围内。即在本职工作之余，利用业余时间自愿且不取报酬地为他人提供服务。

从志愿者的含义来看，志愿者是参与志愿活动的主体，他们是自然人，具有崇高的精神，他们的出现帮助了社会上更多的人，促进了社会文明的进步和和谐社会的发展。如今，在世界的各个角落，在社会生活的各个领域，都活跃着志愿者忙碌而美丽的身影，他们在默默传递人间真情，播撒人间真爱。

二、志愿者由来

志愿者和志愿者服务经历了漫长的发展历程。19世纪初，国外志愿者服务进入萌芽阶段。当时欧美国家的宗教慈善活动发展很快，教会动员和招募志愿人员从事与社会福利发展相关的救助贫农、保护孤儿、照顾寡妇、帮助老弱病残等工作，体现了宗教教义精神。非宗教性的志愿者组织也在当时条件下产生。如英国为了协调政府与民间各种慈善组织的活动，在伦敦成立了“慈善组织会社”。由此可见，志愿者和志愿者服务最早起源于西方国家的宗教慈善服务，在一定程度上推动了社会的进步。

19世纪末及20世纪初，国外志愿者服务进入扩展阶段。欧美国家志愿服务逐渐纳入了政府工作体系和社会发展体系之中，政府制定了一系列有关社会福利方面的法案，大力动员和征募数量可观的志愿人员投身于社会服务工作之中，如德国政府率先制定了一套保险法规，按照危险分担和保险福利的原则，集合工厂、雇主和政府的财力，对劳动者的疾病、意外伤害、退休和亡故给予保险金和福利待遇，吸引了大批具有献身精神的社会工作者去推动实施。美国不仅制定了社会保险法，而且设立了17所社会工作学校，学生通过志愿服务接受社会工作专业训练，成为志愿服务的积极推动者、组织者和宣传者。在国际社会，志愿者源于对战争的人道主义援助。在第一次世界大战期间，西方发达国家一些善良而又勇敢的人士，本着人道主义的精神，自愿奔赴战场救死扶伤，成为世界上最早的志愿者之一。第二次世界大战期间，更多的志愿者活跃在抵抗法西斯的战场上，我国人民所熟悉的白求恩、柯棣华就是其中的杰出代表。

第二次世界大战以后，国外志愿服务进入规范阶段。西方国家的志愿服务工作迅速发展，在工作机制上进一步制度化、规范化和系统化，而且成为一种由政府或私人社团所举办的广泛性的社会服务工作，扩展到社会生活的各个领域。这段时间志愿服务的主要特征是：

（1）志愿服务工作的逐渐制度化。如德国政府要求所有的中学生在毕业后如不服兵役，则必须到医院、社区等地从事一定时间的无报酬社会服务；美国在20世纪80年代中期，有121所院校联合制定协议，使学生参加志愿服务制度化。

（2）志愿服务工作专业性更强。20世纪初，美国一些著名的私立大学就开设了社会工作的课程，荷兰、法国、德国等国家也在大学建立社会工作专业。20世纪50至60年代，美国的公立大学也相继成立专业的社会工作学院和系科，设立从学士到博士的专业学位。志愿服务作为社会工作的一个重要组成部分，志愿服务的领域更宽、专业性更强。

志愿服务的精神已经跨越国界，超越社会制度、意识形态、文化背景、宗教信仰，成为全人类的普遍价值。1970年12月，联合国大会通过决议，组建“联合国志愿人员组织”（UNV）。该组织是联合国系统内一个独特的机构，从属于联合国开发计划署（UNDP），负责管理与国际志愿者事业相关的各类事务。联合国志愿人员组织鼓励志愿者为本国和国际间的和平发展尽其所能，促进国际经济与社会持续发展。1985年12月17日，第四十届联合国大会通过决议，从1986年起，每年的12月5日为“国际促进经济和社会发展志愿人员日”（简称“国际志愿者日”）。

据北京大学志愿服务与福利研究中心（2002年7月16日正式成立，该中心是我国第一家专门从事志愿服务和福利研究与培训的机构）主任丁元竹介绍，中国最早的志愿者来自联合国志愿人员组织。1979年，第一批联合国志愿者来到中国偏远地区，从事环境、卫生、计算机和语言等领域的服务。20世纪80年代中期，民政部号召推进社区志愿服务，天津和平区新兴街就是早期开展社区服务的典型。20 世纪 90 年代初，中国青年志愿者协会成立。由此可知，社区志愿者和青年志愿者就是目前我们国内最大的两支志愿者队伍。

国际志愿者日

国际志愿者日(International Volunteer Day, IVD)：1985年12月17日，第四十届联合国大会通过决议，从1986年起，每年的12月5日为“国际促进经济和社会发展志愿人员日”（简称“国际志愿者日”）。其目的是敦促各国政府通过庆祝活动唤起更多的人以志愿者的身份从事社会发展和经济建设事业。“国际志愿者日”活动的成功开展为国际志愿者年的确立奠定了基础。如今已有很多国家在这一天集中开展志愿服务活动，国际志愿者日作为国际志愿服务活动的重要标志已经深入人心。

国际志愿者日标识

三、志愿者服务

自 19 世纪初期近现代意义的志愿服务在英国产生以来，志愿服务已经历了近两个世纪的漫长演进历程。伴随着人类社会政治、经济、文化的不断发展与进步，志愿服务的规模日益扩大、内容日渐丰富、形式日趋多样，产生的社会效益更是与日俱增。如今，志愿服务作为一项国际性事业，已成为推动社会全面发展的重要手段，更成为社会文明进步的重要标志。

在一般通用的概念上，志愿服务（volunteer service，也称志愿工作、义务工作等）是指任何人自愿贡献个人的时间及精力，在不为任何物质报酬的情况下，为改善社会服务、促进社会进步而提供的服务。这一概念既包括地方和国家范围内的志愿者，也包括跨越国境的双边和国际的志愿者项目。

联合国前秘书长科菲·安南先生则这样界定“志愿服务”——泛指利用自己的时间、自己的技能、自己的资源、自己的善心为邻居、社区、社会提供非营利、非职业化援助的行为。

当代的志愿服务具有自愿性、无偿性、公益性及组织性四大基本特征，即志愿服务要出于参与主体的自主自愿选择；超越常规的经济交换活动领域；以造福他人和社会为目的、具有积极的社会效应；通常依托相对专业化的组织和指导力量开展工作。

现代志愿服务的内容形式多样，涉及领域广泛。依据不同的标准可对其进行多种分类：

（1）根据志愿服务项目的具体内容，可分为扶贫助困、抢险救灾、城市建设、社区服务、环境保护、社会治安、大型活动、海外服务等。

（2）根据志愿服务的组织化程度，可分为正式志愿服务与非正式志愿服务。前者即通过正式组织，如政府、各种形式的志愿组织进行的志愿服务，通常要求签订合约、履行管理章程、明确项目计划、参加培训活动等；后者即不经由组织，志愿者个人或几个人一起无酬地为他人服务。

（3）根据志愿服务的形式，可分为互助与自助型、慈善事业型、参与型和倡导力行型。

（4）根据志愿服务项目持续时间的长短，可分为短期服务与长期服务。

从理论上讲，人人皆可成为志愿者，从事志愿服务，只要你有一颗助人之心。但要想真正做好一项志愿服务工作，特别是成为某一志愿者组织的正式成员而高质高效地开展志愿服务，就必须具备以下基本素质：

（1）真诚奉献。不计报酬、乐于奉献、为他人服务、为社会工作服务，是志愿服务的基本要求，也是志愿精神的根本体现。在实际工作中，其最大的表现就是全身心地投入工作，努力使工作取得最佳效果，使受助者获得最大帮助。

（2）热情服务。这是志愿服务的显著标志。志愿者帮助他人解决困难的过程，也是通过热情周到的服务传递爱心的过程，只有这样，志愿服务的精神才能够不断延续、发扬光大，从而形成积极参与、共同奉献的共识。

（3）恪尽职守。这要求志愿者应具有高度的责任心。每一项志愿服务，都关系到受助人的切身利益，关系到问题是否能够得到圆满的解决，因此，全身心地投入志愿服务工作，是身为志愿者应尽的义务。

（4）不谋私利。志愿精神的核心价值之一就是奉献精神，几乎任何志愿者组织都不向其成员支付工资及物质报酬，因此，志愿者在开展服务工作时，应存一颗无私之心，毫不谋利，在志愿服务平凡而具体的岗位上做出应有的贡献。

（5）品格高尚。志愿者应该具有更高的精神境界、更宽阔的胸怀，更能善解人意、更能付出深沉的爱。崇高的道德品质具有很强的影响力和感染力，能够潜移默化地使志愿服务同伴与受助人的精神境界得以升华。

关于志愿服务的价值与意义，从社会层面而言，有利于构建社会主义和谐社会。志愿者服务活动既传承了中华民族助人为乐、扶贫济困的传统美德，又体现了构建社会主义和谐社会的基本要求，加强了人与人之间的交往和关怀，促进了社会和谐进步，具有鲜明的时代特征。对志愿者个人而言，志愿者服务的价值在于奉献社会，尽一份公民的责任和义务，有利于志愿者丰富人生阅历和生活体验，加深对社会的了解与认识，从而促进自身的成长与提高。对服务对象而言，志愿者服务具有人性化、个人化服务的特征：一方面能有效地解决服务对象自身遭遇的实际困难，提高其生活水平与质量；

另一方面，可以拉近志愿者与服务对象心灵的距离，增强服务对象对社会的信心及社会归属感，增强其自尊心和自信心，使其能勇敢面对生活。

四、志愿者精神

志愿精神是志愿者参与活动的动力，是体现在志愿者和志愿服务行为之中的内在精神特质。联合国志愿组织将志愿精神界定为："志愿精神是一种在自愿的、不计报酬或收入的条件下，参与人类发展、促进社会进步和完善社区工作的精神。"志愿者服务是公众参与社会活动的一种重要的方式，是个人对生命价值、社会和人类的一种积极态度。这一概念既包括地方和国家范围内的志愿者行为，也包括跨越国境的双边和国际的志愿者项目。

志愿精神是一种理念，是社会文明进步的重要标志。如今，志愿精神已经被许多国家以及公众所广泛认同和接受，并且被极力宣扬和倡导，为激发公民内心深处的关爱他人、善良等美好品质，提高公民的整体素质，构建和谐社会，促进可持续发展提供了源源不断的动力。

联合国前秘书长科菲·安南在"2001年国际志愿者年"启动仪式上的讲话中指出："志愿精神的核心是服务、团结的理想和共同使这个世界变得更加美好的信念。"从这个意义上说，志愿者精神是联合国精神的最终体现。

志愿精神在不同国家有不同的内容，其思想基础也呈现出多样化。如，美国曾获普利策奖的历史学家默尔·科蒂说："强调志愿主动性有助塑造美国国民性格。"美国人民认为，美国志愿精神，首先归功于新教伦理和英国先祖，犹太教、基督教随一次次移民潮传入美国；其次归功于独立战争和拓荒时期，美国人在困境的磨炼和善良的支配下形成的相互依靠和相互帮助的个人基本价值观。法国明确指出："非营利是志愿活动的根本精神。"他们认为，志愿服务有别于义务服务，因为义务服务有的是慈善性的，有的是强制性的，并且完全不应获取报酬；而志愿服务不排斥获得维持志愿者基本生活的报酬。马来西亚青年运动全国助理总秘书江贵曾说："马来西亚的志愿团体的宗旨是'教育青年，服务社会’，要求每个志愿者要有积极向上的服务精神。”菲律宾志愿精神建立在基督教信仰和信条基础之上，他们认为：“上帝给了一个极好的机会，让我们认识到自己内心真正的愿望，志愿者的经历，点燃了我们内心平静的愿望，希望做更多事，更多地给予。”

中华民族有着五千年的悠久文化和灿烂的东方文明，志愿服务精神由来已久，源远流长。我国历史上虽未曾举起过志愿的旗帜，也没有打出过志愿者的牌号，但从“乐善好施、济世扶贫、助人为乐”和“爱人者，人恒爱之；敬人者，人恒敬之”的哲理到乐善好施的华夏先人，再到新中国助人为乐的雷锋精神，一代又一代传颂着中华民族道德情感和文明礼仪的华彩乐章，都是后人们应继承发扬的宝贵财富和精神动力。本着与中华民族传统美德、时代精神和人类共同文明相结合的原则，我国将志愿者精神概括为：奉献、友爱、互助、进步。志愿者精神既从中华民族优秀传统中汲取了丰富的营养和精华，也是对中华民族代代相传的文明礼仪的继承和发扬，其精神内涵为：

（1）奉献。“奉献”指恭敬地交付、呈献，即不求回报地付出。奉献精神是高尚的，是志愿服务精神的精髓。志愿者在不计报酬、不求名利、不要特权的情况下参与推动人类发展、促进社会进步的活动，这些都体现着高尚的奉献精神。1938 年，白求恩大夫放弃优越的物质条件，不远万里从加拿大来到中国，为八路军提供医疗救治服务，帮助创办了军区卫生学校，亲自编写各种教材并讲课。1939 年秋，他在抢救伤员时因不幸感染病毒而牺牲。白求恩大夫将自己的生命奉献给了中国，这种国际主义精神也是奉献精神的重要体现。

（2）友爱。志愿服务精神提倡志愿者欣赏他人、与人为善、有爱无碍、平等尊重，这便是友爱精神。志愿者之爱跨越了国界、职业和贫富差距，是没有文化差异、没有民族之分、不论高低贵贱的平等之爱，它让社会充满阳光般的温暖。如无国界医生，他们不分种族、政治及宗教信仰，为受天灾、人祸及战火影响的受害者提供人道援助，他们奉献的是超国界之爱。1999 年

10月15日，无国界医生组织因“一直坚持使灾难受害者享有获得迅速而有效的专业援助的权利”而获得当年的诺贝尔和平奖。

（3）互助。志愿服务包含着深刻的互助精神，它提倡“互相帮助、助人自助”。志愿者凭借自己的双手、头脑、知识、爱心开展各种志愿服务活动，帮助那些处于困难和危机中的人们。志愿服务者以“互助”精神唤醒了许多人内心的仁爱和慈善，使他们无私地付出，持之以恒地真心奉献。“助人自助”帮助人们走出困境，自强自立，重返生活舞台。受助者获得生活的能力后，也会投入到关心他人、帮助他人、为社会做贡献的志愿活动中，这些志愿活动都涵盖着深刻的“互助”精神。

（4）进步。进步精神是志愿服务精神的重要组成部分，志愿者通过参与志愿服务，使自己的能力得到提高，同时促进了社会的进步。在志愿活动中无处不体现着“进步”的精神，正是这一精神使人们甘心付出，是追求社会和谐之境的实现。

五、我国的志愿者和志愿服务

我国志愿者和志愿服务作为伴随着改革开放出现的新生事物，是长期开展学雷锋活动的发展和延续，有着广泛的群众基础和独特优势。经过20多年的发展，我国志愿者队伍不断扩大，志愿服务的领域不断拓展，志愿者精神得到广泛弘扬，志愿服务的制度化、规范化建设迈上新台阶，成为我国社会文明程度的重要标志。

小贴士　中国志愿服务标识及含义

2014年12月5日，中央文明办正式向全社会发布中国志愿服务标识——“爱心放飞梦想”。今后，全国各级各类志愿服务组织在开展各类重大活动时，均应统一使用中国志愿服务标识；在开展具有自我特色的志愿服务活动时，要突出全国统一的标识，打出中国志愿服务品牌。

标识体现中国特色。以汉字志愿服务的“志”字为基本原型，以中国红为基本色调，蕴含丰厚的中国优秀的传统文化，示意明确，简洁大方，喜庆祥和，寓意中国特色的志愿服务事业红红火火，前景广阔。

中国志愿服务标识主图

标识具有国际元素。标识上有“中国志愿服务”的中英文字样，而且多处巧妙地以英文字母“V”构图，这是志愿者英文单词“volunteer”的首字母，体现了中国志愿服务与国际的交流、接轨与交融。

标识形象内蕴丰厚。“志”字的上半部分是一只展翅飞翔的鸽子。鸽子

中国志愿服务标识徽章

是和平的使者、友好的象征，传递的是幸福、友爱，放飞的是和平、和谐。“志”字的下半部分由中国书法中草书的“心”字构成，同时也是一条飘逸的彩带，既表现了志愿者在开展志愿服务时的愉悦心情，也象征着志愿者将爱心连接在一起，服务他人，奉献社会。

整个标识寓意用爱心托起梦想，用爱心放飞梦想，充分体现了社会主义核心价值观的内在要求，展示了奉献、友爱、互助、进步的志愿精神。

（一）我国志愿者发展历程

从20世纪60年代中期开始，出于社会主义国家对世界上其他第三世界国家的国际主义义务，中国曾经对亚洲、非洲的许多发展中国家进行了大量的国际援助，内容包括基础设施建设、卫生医疗等。伴随着这些援助活动，中国政府曾经派遣了大量的支援人员到国外参与相应的项目。1971年，中国恢复联合国合法席位，中国政府积极参与联合国志愿人员国际化、全球化活动。

在中国最早从事志愿服务的志愿者则来自联合国志愿人员组织。1979年，第一批联合国志愿者来到中国西部偏远地区，从事环境、卫生、计算机和语言教学等领域的服务。目前，国际志愿者组织在中国多个领域开展志愿服务工作，主要集中在扶贫开发、医疗卫生、环境保护等领域，如MSF（无国界医生）、世界宣明会、国际行动援助、心连心国际组织、国际小母牛项目等，这些国际组织在中国表现出管理规范、专业性强等特点。

20世纪80年代中期，我国的志愿服务也在国内迅速开展起来，志愿者数量和组织规模、服务形式也不断地丰富起来。其中，天津市和平区新兴街是最早开展社区服务的典型，成立了中国第一家社区志愿者协会。1987年9月，民政部在湖北省武汉市召开全国城市社区服务工作座谈会，部署在城市开展社区服务工作，探索建立中国特色的志愿者服务体系。1990年，全国第一个正式注册的志愿者团体——深圳义务工作者联合会成立，并向社会公开招募“义务工作者”。1993年12月19日，共青团中央决定实施中国青年志愿者行动，2万余名铁路青年率先打出“青年志愿者”的旗帜，在京广铁路沿线开展“为旅客送温暖”志愿服务。之后，40万余名大中学生利用寒暑假在全国主要铁路沿线和车站开展志愿者新春热心行动，青年志愿者行动迅速在全国展开。1994年12月5日，共青团中央成立了“中国青年志愿者协会”，同时成为联合国国际志愿服务协调委员会（CCIVS）联席会员组织。此后，全国省级志愿者协会逐步建立，构建起组织管理网络。1999年，共青团中央、中国青年志愿者协会为纪念毛泽东于1963年3月5日发出“向雷锋同志学习”的号召，决定从2000年开始，把每年的3月5日命名为“中国青年志愿者服务日”。1997年9月，中国红十字会印发《关于进一步组织红十字志愿者开展活动的通知》，并成立了“中国红十字志愿者指导委员会”，红十字志愿者在救灾、救护、救助等方面发挥了重要作用，成为我国志愿服务工作中不可忽视的力量。近年来，我国各种形式的志愿者服务组织发展很快，党员志愿者、社区志愿者、职工志愿者、青年志愿者、大学生志愿者、巾帼志愿者、家庭志愿者、老年志愿者、扶残助残志愿者、红十字志愿者、治安志愿者、科普志愿者等各类志愿者服务组织先后成立。2013年12月，国务院新闻办公室中国青年志愿者行动实施20年新闻发布会通报，经过规范注册的青年志愿者人数已经达到4 043万人，成为社会主义精神文明建设的重要力量。

小贴士 **中国青年志愿者标识及其含义**

“中国青年志愿者”标识的整体构图为心的造型，同时也是英文单词“young”的第一个字母Y；图案中央既是手，也是鸽子的造型。标识寓意为中国青年志愿者向社会上所有需要帮助的人们奉献一片爱心，伸出友爱之手，以跨世纪的精神风貌，面向世界，走向未来，表现青年志愿者“爱心献社会，真情暖人心”的主题。

中国青年志愿者标识

（二）法律法规保障体系不断健全

在立法方面，《中华人民共和国宪法》规定："国家提倡公民从事义务劳动。"志愿服务还被写入党的十四届六中全会决议、十五届三中全会决议、《中国 21 世纪议程》和《公民道德建设实施纲要》等多个重要文件。2002 年 12 月，我国还组织召开了志愿服务国际会议，发表了志愿服务国际会议北京宣言。这些都为我们制定志愿服务法律法规提供了良好的社会政治环境和政策依据。

1999 年 8 月 5 日，广东省通过《广东省青年志愿者服务条例》，这是我国第一部关于青年志愿者服务的地方性法规。此后，《山东省青年志愿者服务规定》《宁波市青年志愿服务条例》分别于 2001 年、2002 年由当地人大常委会批准通过。2003 年 4 月，《福建省青年志愿服务条例》经省人大常委会审议通过；同年 6 月 20 日，黑龙江省人大常委会审议通过了《黑龙江省志愿者服务条例》，这是我国第一部全方位的志愿服务地方法规。之后，吉林、湖北、江苏、河南、宁夏、北京、浙江、江西、新疆、上海、四川等 17 个省（直辖市、自治区）和宁波、杭州、成都、深圳、南京、济南、青岛等 7 个副省级城市以及抚顺、银川、淄博等 3 个市相继颁布实施了志愿者服务地方性法规。

在国家法律法规层面，《中华人民共和国劳动法》规定："国家提倡劳动者参加义务劳动。"《中华人民共和国城市居民委员会组织法》规定："居民委员会应当开展便民利民的社区服务。"《中华人民共和国突发事件应对法》规定："县级以上地方人民政府及其有关部门可以建立由成年志愿者组成的应急救援队伍。"《中华人民共和国防震减灾法》规定："县级以上地方人民政府及其有关部门可以建立地震灾害救援志愿者队伍。"2017 年 8 月 22 日，国务院总理李克强签署国务院第 685 号令，《志愿服务条例》（以下简称《条例》）已经于 2017 年 6 月 7 日国务院第 175 次常务会议通过，现予公布，自 2017 年 12 月 1 日起施行。《条例》明确了志愿服务组织法律地位，对志愿服务的基本原则、管理体制、权益保障、促进措施等作了全面规定，将进一步推动志愿服务制度化、常态化发展，提升志愿服务整体效能。一是确立基本原则。规定开展志愿服务，应当遵循自愿、无偿、平等、诚信、合法的原则。二是明确管理体制。规定国家和地方精神文明建设指导机构建立志愿服务工作协调机制，加强对志愿服务工作的统筹规划、协调指导、督促检查和经验推广；县级以上人民政府民政部门负责志愿服务行政管理工作；其他有关部门按照各自职责负责与志愿服务有关的工作；有关人民团体和群众团体在各自的工作范围内做好相应的志愿服务工作。三是强化权益保障。规定志愿服务组织招募志愿者应当说明与志愿服务有关的真实、准确、完整的信息，以及在志愿服务过程中可能发生的风险。安排志愿者参与志愿服务活动，应当与其年龄、知识、技能和身体状况相适应，并提供必要条件；需要专门知识、技能的，应当开展相关培训；如实记录志愿者的志愿服务情况等信息，无偿、如实为其出具志愿服务记录证明。志愿服务组织、志愿服务对象应当尊重志愿者的人格尊严；志愿服务组织、志愿者应当尊重志愿服务对象人格尊严，不得向志愿服务对象收取或者变相收取报酬。任何组织和个人不得强行指派志愿者、志愿服务组织提供服务。四是强化促进措施。规定政府应当根据经济社会发展情况，制定促进志愿服务事业发展的政策和措施，合理安排志愿服务所需资金。政府及其有关部门应当为志愿服务提供指导和帮助，可以依法通过购买服务等方式支持志愿服务运营管理，对有突出贡献者予以表彰、奖励，采取措施鼓励公共服务机构等对有良好志愿服务记录的志愿者给予优待。鼓励有关单位、组织为开展志愿服务提供场所和其他便利条件，在同等条件下优先招用有良好志愿服务记录的志愿者，将学生参与志愿服务活动纳入实践学分管理。

在部门管理方面，1994 年 4 月，民政部、中国社会工作者协会发出《关于进一步开展社区服务志愿者活动的通知》（民办〔1994〕9 号），号召各级政府切实加强领导，把社区志愿者服务推向一个新阶段。1998 年 8 月，共青团中央青年志愿者行动指导中心成立，负责规划、协调、指导全国的青年志愿者服务工作，承担中国志愿者协会秘书处的职能。2001 年 3 月，经国务院批准，共青团中央和外经贸部共同发起成立“中国 2001 国际志愿者年委员会”，负责规划、指导、协调国际志愿者年期间的志愿者工作。2006 年 12 月，共青团中央颁布了《中国注册志愿者管理办法》《志愿者注册登记制度》《志愿者服务时间储蓄制度》等，标志着我国志愿者管理工作进入规范化、制度化阶段。民政部会同中组部、中宣部等部门印发了《关于在农村基层广泛推行志愿者服务的意见》，志愿者活动由城市向农村延伸；民政部下发了《关于在全国城市推行志愿者注册制度的通知》，这一制度在全国城市范围施行。2007 年 11 月 7 日，《中国红十字志愿者服务管理办法》出台，对志愿者招募、登记注册、培训等进行规范化管理。2007 年 11 月 19 日，全国性的志愿者组织——中国社会工作者协会志愿者工作委员会在北京成立，标志着我国志愿者组织管理进入国家管理范围，开始走向规范化建设的道路。中国社会工作者协会志愿者工作委员会的主要任务是抓好志愿者服务体系建设、理论研究和制度建设，制定出台全面性、规范性的志愿者服务标准；制定《中国社区志愿者注册制度实施办法》，筹集设立志愿者服务发展基金；调动各类志愿资源，加强志愿者组织制度化、规范化建设，做好志愿者服务工作。

2008 年 10 月 6 日，中央精神文明建设指导委员会印发《关于深入开展志愿服务活动的意见》，志愿者服务上升到中央和国家层面进行部署，提出了志愿服务的指导思想和基本原则、开展志愿服务活动的方式和内容，强调要进一步建立健全志愿服务的运行机制，提高志愿服务的科学化、规范化、专业化和社会化水平；要在中央文明委领导下，成立由中央文明办牵头，民政部、全国总工会、共青团中央、全国妇联、中国科协、中国残联、中国红十字会和全国老龄办共同参加的全国志愿服务活动协调小组，负责全国志愿服务活动的总体规划和协调指导，督促检查各地各部门开展志愿服务活动的情况，总结推广先进经验。明确要求各级党委政府要把深入开展志愿服务活动作为精神文明建设的一件大事摆上重要议事日程，切实抓紧抓好，推动志愿服务制度化、常态化。

2009年9月1日，国家标准（GB/T 23648－2009）《社区志愿者地震应急与救援工作指南》发布实施。本标准规定了社区志愿者地震应急与救援队伍建设要求和地震应急服务内容以及震后参与应急救援服务的方法、程序和要求。适用于社区志愿者地震应急与救援队伍建设以及地震应急与救援服务。把地震应急与救援工作纳入社区安全工作，建立社区志愿者地震应急与救援队伍，规范其行动，对于减轻地震灾害、保障社区安全具有重要的意义。

2013年，为贯彻落实党的十八大和十八届三中全会精神，引导广大团员青年和社会公众广泛参与志愿服务，根据团十七大及《中国青年志愿者行动发展规划（2014—2018）》要求，共青团中央对2006年颁行的《中国注册志愿者管理办法》进行了修订。新修订的《中国注册志愿者管理办法》对于进一步规范注册志愿者管理工作，大力弘扬“奉献、友爱、互助、进步”的志愿精神，推动志愿服务项目化运作、社会化动员、制度化发展，深化青年志愿者行动具有重要意义。具体来说，重点修订了以下内容：

一是根据实际界定注册志愿者、志愿服务的概念，扩展志愿服务领域。将“国家”作为志愿服务对象纳入志愿者、志愿服务的概念。将“助老助残、生态建设、社会管理、文化建设、西部开发”等纳入志愿服务主要领域。进一步拓展注册志愿者相关概念，明确志愿服务重点任务。

二是增加志愿者精神、志愿服务日等内容，完善志愿者标识、志愿者誓词等内容。增加“志愿者精神”和“中国青年志愿者服务日”“国际志愿者日”相关内容，将“志愿者标识（心手标）”由附件提至正文，对“志愿者誓词”进行完善，进一步促进志愿服务文化弘扬和志愿者形象识别系统的规范。

三是强化志愿者权益保障相关规定。增加志愿者“个人信息保密”工作制度，并在现有权益保障规定基础上，增加“各级团组织、志愿者组织逐步建立志愿者权益保障机制。依据有关法律法规、政策规定维护志愿者正当权益，推动建立志愿者保险和应急基金，做好相关救助和慰问工作”的内容，进一步体现对注册志愿者的人文关怀。

四是完善志愿者激励表彰措施。对认定星级志愿者服务时间标准，根据各地实践经验，并参考民政部《志愿服务记录办法》规定做了适当调整。增加“完善志愿者评价机制”内容，对“星级认证制度、评选表彰和奖章授予制度”等激励表彰制度的组织实施进行简化和明确，将共青团中央、中国青年志愿者协会“中国青年志愿者优秀个人奖、组织奖、项目奖评选表彰活动”纳入管理办法，进一步调动激发注册志愿者的积极性。

五是探索志愿者注册管理信息化手段。增加“各级团组织、志愿者组织要推进志愿服务平台建设，形成实体型、网络型、复合型平台”“鼓励依托网络新媒体组织开展志愿服务活动”等内容，进一步提升志愿者注册管理工作的信息化水平。

小贴士 中国注册志愿者标识和登记表

2013年修订的《中国注册志愿者管理办法》明确了注册志愿者标识和志愿者注册登记表。

中国注册志愿者标识

注册志愿者标识(通称“心手标”)的整体构图为心的造型，又是英文“volunteer”的第一个字母“V”，红色；图案中央是手的造型，也是鸽子的造型，白色。标识寓意为中国志愿者向社会上所有需要帮助的人们奉献一片爱心，伸出友爱之手，表达“爱心献社会，真情暖人心”和“团结互助、共创和谐”的主题。

志愿者注册登记表（参考式样）

志愿者编号（注册机构填写）：[　　　　　]　　　：　　　　年　　月　　日

<table>
<tr><td>姓名</td><td></td><td>性别</td><td></td><td>出生年月</td><td></td><td>民族</td><td></td><td rowspan="3">照片</td></tr>
<tr><td>籍贯</td><td></td><td>户籍所在地</td><td></td><td>政治面貌</td><td></td><td>宗教信仰</td><td></td></tr>
<tr><td>学历</td><td></td><td>职称</td><td></td><td>职务</td><td></td><td>职业</td><td></td></tr>
<tr><td colspan="2">毕业学校及专业</td><td colspan="7"></td></tr>
<tr><td colspan="2">工作单位及地址</td><td colspan="7"></td></tr>
<tr><td colspan="2">住　址</td><td colspan="7"></td></tr>
<tr><td colspan="2">身份证号码</td><td colspan="3"></td><td>特　长</td><td colspan="3"></td></tr>
<tr><td colspan="2">其他有效证件号</td><td colspan="3"></td><td>爱　好</td><td colspan="3"></td></tr>
<tr><td rowspan="3">联系方式</td><td>联系地址</td><td colspan="5"></td><td>邮编</td><td></td></tr>
<tr><td>联系电话</td><td colspan="7">办公：　　　宅电：　　　手机：</td></tr>
<tr><td>E-mail</td><td colspan="3"></td><td>QQ</td><td colspan="3"></td></tr>
<tr><td colspan="2">服务意向</td><td colspan="7"></td></tr>
<tr><td>个人简历</td><td colspan="8"></td></tr>
<tr><td>申请人承诺</td><td colspan="8">（请抄写）　我愿意成为一名光荣的志愿者。我承诺：尽己所能，不计报酬，帮助他人，服务社会，践行志愿精神，传播先进文化，为社会进步奉献力量。
申请人签字：　　　　年　　月　　日</td></tr>
<tr><td>备注</td><td colspan="8"></td></tr>
<tr><td></td><td colspan="8"></td></tr>
</table>

（三）志愿服务领域不断拓展

在志愿服务方面，共青团发起和推动的青年志愿服务成为主要力量，创新了五种服务功能，即创造助人为乐的新形式、倡导快乐服务的新生活、探索公民教育的新途径、激发社团组织的新活动、推进社会结构的新变化。

如今，我国已进入全民参与的志愿服务时代，构建起“党政统筹、团青示范、社团管理、公民参与、社会支持、法律保障”的社会志愿服务体系，打造了一批有广泛影响力的服务项目。例如，大学生服务西部计划，按照公开招募、自愿报名、组织选拔、集中派遣的方式，每年招募一定数量的普通高校应届毕业生，到西部贫困县的乡镇从事为期 1 ～ 2 年的教育、卫生、农技、扶贫以及青年活动中心建设和管理方面的志愿服务工作；中国青年志愿者海外服务计划，通过公开招募、自愿报名、集中派遣的方式，派遣优秀的中国青年志愿者赴国外开展长期的志愿服务工作，同时按照对等的原则引进外国志愿者到国内中西部贫困地区开展志愿服务；青年志愿者扶贫接力计划，从 1996 年开始实施，采用公开招募、定期轮换、长期坚持的接力机制，为贫困地区提供教育、农业科技推广、医疗卫生等方面的服务；保护母亲河“中国青年志愿者绿色行动营计划”，以“劳动、交流、学习”为主题，通过组建绿色行动营、建设绿色行动基地，集中组织青年人在重点区域开展植树造林、沙漠治理、水污染治理、清除白色垃圾等环保志愿服务。

近年来，青年志愿者的服务领域不断扩大，在北京奥运会、上海世博会等国内大型活动及汶川、玉树、芦山地震应急救援中，志愿者提供了优质高效的服务，赢得了国内外的广泛赞誉。据统计，自 1993 年底团中央发起实施青年志愿者行动以来，累计已有 3.82 亿多人次的青年和社会公众为社会提供了超过 78 亿小时的志愿服务。2008 年是中国志愿服务事业发展历史进展中不平凡的一年，据不完全统计，累计有超过 306 万名志愿者参加汶川地震抗震救灾与重建，170 万名志愿者直接服务北京奥运会。2008 年 7 月 26 日，四川省统计局公布的“四川省汶川地震主要救援（包括志愿者）力量满意度”

问卷调查结果显示，有67.3%的被访者接受过志愿者服务，综合满意度为93.4%。

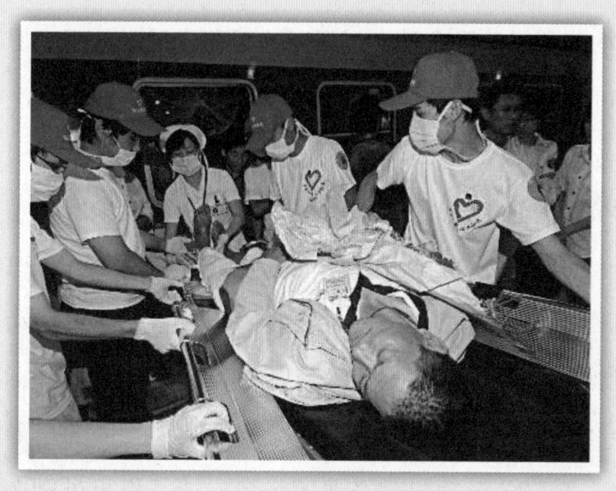

2008年5月26日，浙江的青年志愿者从专列上接运转入浙江治疗的地震灾区伤员

（四）志愿服务激励机制不断完善

在建立和完善激励机制方面，共青团组织、中国青年志愿者组织依据已认定的志愿者服务时间长短，分别授予注册志愿者中国青年志愿服务金奖、银奖、铜奖和服务奖章，评定工作由共青团中央、中国青年志愿者协会授权相应级别的团委、志愿者协会负责，并在每年的国际志愿者日（12月5日）前后举行奖章授予仪式。社区志愿者组织在每年年末，组织开展对注册社区志愿者的年度评定工作，根据社区志愿提供志愿服务的时间和服务质量，采取星级评定激励机制，并授予社区志愿者星级证书，评定工作由中国社会工作协会社区志愿者工作委员会授权相应的民政部门和社区志愿者组织负责，并规定四星级（含）以上社区志愿者可参加中国社会工作协会社区志愿者工作委员会每年一度的“中国社区志愿者之星”的评选，五星级社区志愿者可参加民政部和中国社会工作协会每年一度的“全国社区志愿服务先进个人”的评选。中国红十字会总会按照《中国红十字志愿者表彰奖励办法》，在各省表彰的基础上，每五年组织一次对全国红十字志愿服务工作中做出突出贡献的组织和个人进行表彰

奖励。县级及以上红十字会可根据实际，对其工作范围的红十字志愿服务先进集体及个人进行表彰奖励。除上述三大志愿者组织外，其他志愿者组织根据自身实际情况，均制定了奖励办法，以激励更多的志愿者从事志愿服务。

为建立和完善全国志愿者激励机制，2008 年 10 月 9 日，中央精神文明建设指导委员会在印发的《关于深入开展志愿服务的意见》中指出，在志愿者组织内部建立以服务时间和服务质量为主要内容的星级认定制度。鼓励机关、学校和企事业单位，在同等条件下优先录取和聘用有志愿服务经历且表现突出者，并作为评先创优的重要条件。把开展志愿服务活动作为创建文明城市、文明村镇、文明单位的重要内容，作为考核的重要指标。定期评选表彰优秀志愿者和优秀志愿者组织。要充分发挥政府投入的引导作用，采取适当方式为开展志愿服务活动提供必要的经费支持。积极鼓励企事业单位、公募性基金会和公民个人对志愿服务活动进行资助，形成多渠道、社会化的筹资机制。成立中国志愿服务基金会，设在中央文明办。根据需要为志愿者参加志愿服务购买保险和提供物质保障，把人们参与志愿服务的积极性保护好、引导好、发挥好，促进志愿服务活动持续健康发展。

2010 年 12 月 5 日，第 25 个“国际志愿者日”，团中央在京举行“第八届中国青年志愿者优秀奖颁奖仪式暨中国青年志愿者协会第三次会员代表大会”。授予都海郎等 341 名个人“中国青年志愿者优秀个人奖”，贵州爱心家园公益网等 186 个组织“中国青年志愿者优秀组织奖”，中山市关爱农民工子女志愿服务行动等 106 个志愿服务项目“中国青年志愿者优秀项目奖”

2012 年，宜昌市举行十大杰出青年志愿者表彰大会

小贴士 **《中国注册志愿者管理办法》志愿者誓词**

我愿意成为一名光荣的志愿者。我承诺：尽己所能，不计报酬，帮助他人，服务社会，践行志愿精神，传播先进文化，为社会进步贡献力量！

第二节　地震灾害救援志愿者队伍

近年，各级政府和防震减灾部门加大了对防震减灾工作的支持力度和宣传力度，全社会的防震减灾意识不断增强。随着社会的进步和全面建成小康社会步伐的加快，国家经济条件日益改善，人民生活逐渐富裕，社会文明程度不断提高，人民群众更加注重生存环境和质量，参与社会活动的自觉性日趋高涨，这些因素都为组建地震灾害救援志愿者队伍提供了有利的条件。

逐步完善的法律法规也为组建地震灾害救援志愿者队伍提供了法律依据。2006 年 6 月 15 日，国务院批准发布的《国务院关于全面加强应急管理工作的意见》（国发〔2006〕24 号）提出："大中型企业特别是高危行业企业要建立专职或者兼职应急救援队伍，并积极参与社会应急救援；研究制定动员和鼓励志愿者参与应急救援工作的办法，加强对志愿者队伍的招募、组织和培训。”2007 年 8 月 30 日，第十届全国人民代表大会常务委员会第二十九次会议通过的《中华人民共和国突发事件应对法》第二十六条规定：“县级以上人民政府及其有关部门可以建立由成年志愿者组成的应急救援队伍。单位应当建立由本单位职工组成的专职或兼职应急救援队伍。”2008 年 12 月 27 日，第十一届全国人民代表大会常务委员会第六次会议修订的《中华人民共和国防震减灾法》第五十六条规定：“县级以上地方人民政府及其有关部门可以建立地震灾害救援志愿者队伍，并组织开展地震应急救援知识培训和演练，使志愿者掌握必要的地震应急救援技能，增强地震灾害应急救援能力。”

一、地震灾害救援志愿者队伍的组建

组建地震灾害救援志愿者队伍，是法律法规赋予各级政府和有关部门的一项重要职责，是社会管理和公共服务的具体体现，是社会文明进步和实现社会治理现代化的重要标志。各级政府和有关部门要从本地区的地质环境、震情形势出发，坚持常态减灾和非常态救灾相统一，整合资源，统筹力量，精心组织，周密部署，切实做好地震灾害救援志愿者队伍的组建工作。

（一）地震灾害救援志愿者队伍的组建原则

1. 依法建设的原则

地震灾害救援志愿者队伍是民间群众组织，队伍的建设必须符合我国宪法、法律、法规，并自觉接受政府的监督和指导。在日常管理上要通过建立内部各种制度进行自我规范。组建地震灾害救援志愿者队伍，要根据队伍的不同类型向主管部门或社团管理机关申请、登记、备案，取得合法“身份证”，才能避免做好事却被认为是“非法”的尴尬局面。比如社区地震灾害救援志愿者队伍需要向区（县）级（含）以上民政部门的社团管理机关申请，申请材料包括登记申请书、业务主管部门审查意见、组织章程、办公场所使用证明、注册资金数额、资信证明、负责人情况和成员数额等。经过社团登记管理机关的审查，确认具备成立条件，才予以核准登记，由此注册，取得合法身份。根据《社团登记管理条例》规定，取得准入证要满足“有3万元注册资金、固定办公场所、固定会员50人以上”的条件。但目前很多社区志愿者队伍在成立之初力量薄弱，资金不足，有的几乎是零资金运作，一时无法达到准入条件。在这种情况下，一些社区志愿者组织采取了挂靠或备案的方式，通过挂靠慈善组织、共青团组织或在街道、区（县）民政部门备案等，取得“半官方半民间的身份证”，从而既可以继续以组织的名义开展活动，又可以消除做好事却不被承认的尴尬。

2．群众自愿的原则

这是各类志愿者的基本原则。组建地震灾害救援志愿者队伍强调自愿，是为了在危险的救助生命工作中，更加体现志愿者的奉献精神。我国千百年来防震减灾的历史，是一部人民群众创造的历史。地震灾害救援志愿者平时是经济社会建设的主力军，震时他们又是救援的骨干力量。自愿加入地震灾害救援志愿者队伍的人员比一般人更具忧患意识，更具危机感和责任感，更热心公益事业。无论性别、职业、学历、民族、国籍、信仰，都可以成为地震灾害救援志愿者，本着就近就便的原则，力所能及地开展志愿服务工作。自愿加入的地震灾害救援志愿者更能起到政府相关部门不可替代的重要作用。

3．因地制宜的原则

地震巨灾虽然是一个低概率的事件，但一旦发生，就很可能造成巨大的损失。要根据习近平总书记提出的“坚持以防为主、防抗救相结合，坚持常态减灾和非常态救灾相统一”的原则，组建地震灾害救援志愿者队伍。以简洁、精干、实用为原则，从本单位本地区本社区的实际需要、人员素质、经济、环境、防灾能力等出发，决定是否组建以及队伍规模、队伍结构、装备配置、培训演练方案等方面，一切都要因地制宜，从实际出发，切不可盲目跟风，贪大求洋。志愿者队伍结构要安排科学，部门设置要合理，分工要明确，只有平时能相互配合，战时才能形成有战斗力的集体。

4. 长期坚持的原则

组建地震灾害救援志愿者队伍不是一时的权宜之计，而是要长期坚持。随着经济发展、社会进步，人们对生命安全越来越关注，地震灾害的救援任务越来越重，对地震灾害救援志愿者队伍的长期需求也越来越大。然而，将地震灾害救援志愿者队伍长期保留坚持下去，也是不容易的。特别是在某些地区，由于长期不发生地震灾害，社会公众缺少忧患意识，防灾意识淡薄，此时把地震灾害救援志愿者队伍的活动坚持下去更是体现了强烈的社会责任感。

5. 平震结合的原则

平震结合的原则是指主要立足于震时的救援，但在不发生地震灾害的平时，要协助有关部门做好日常地震灾害风险防范知识和地震救援知识的宣传普及，在防灾减灾日或重大地震事件主题活动期间为群众提供防震减灾知识咨询和服务，积极参加地震应急演练和培训等。

6. 政府引导和自我管理相结合的原则

地震灾害救援志愿者队伍在发展过程中，政府必须发挥引导作用，进行宏观的指导和推动，并给予具体帮助和大力支持；同时要建立自我管理、自我监督、自我完善、自我发展的工作机制。

7.“六结合”原则

组建地震灾害救援志愿者队伍应遵循“六结合”原则，即地震灾害救援志愿者队伍的组织建设要与震情和灾情相结合，与防震减灾工作总体要求相结合，与地方防震减灾工作实际相结合，与其他志愿者行动相结合，与参与的企事业单位工作相结合，与志愿者本人工作相结合。

组建地震灾害救援志愿者队伍必须依靠公众支持。首先吸收的第一类人是退伍的军人、武警、消防官兵等，他们有较强的组织纪律性，具备较丰富的军事化行动和抢险救灾的实战经验，他们是志愿者队伍中的核心力量。第二类是相关的机关干部、科技人员、医务工作者及文艺和新闻工作者等，这类人员在思想素质、知识技术、专业救援、医疗抢救、文艺及新闻宣传方面所起到的作用是其他人员不可比拟的，他们有知识、有特长、素质高、责任心强，在志愿者队伍中能够起到特殊的作用。第三类是大学生、企业职工和村居的民众，他们学习、生活在当地，熟悉当地地理情况和人民群众情况，有朝气、有活力，是志愿者队伍中人数最多、最熟悉环境、最接近人民群众的生力军。

组建地震灾害救援志愿者队伍，特别是社区地震灾害救援志愿者队伍时，可在广泛吸收本社区队员的基础上，针对可能面临的任务，以形成反应迅速、机动性高的多种救助服务功能为目标设置的队伍结构，包括组织协调管理、搜索营救抢险、医疗救护防疫、专业技术支持等。

在地震灾害救援志愿者队伍建设过程中，必须有计划、有重点地培养一批思想作风硬、技术好、组织能力强的骨干人员，形成队伍的中坚力量，起到带动和稳定整个队伍的作用。是否有一批骨干力量是队伍建设成败的重要因素，也是队伍健康发展的重要基础。

（二）地震灾害救援志愿者队伍的组建

1. 制定章程

地震灾害救援志愿者队伍的章程作为一个行之有效的约束和规范组织成员行为的准则，一般须包含以下内容：

（1）志愿者队伍的名称、地址及负责人；

（2）宗旨、业务范围和活动区域；

（3）队员资格及其权利义务；

（4）组织管理制度，领导机构及负责人的设置和产生程序；

（5）资产管理和使用原则；

（6）队伍解散和解散后资产处理办法。

2. 招募人员

本着“自愿参与、人人能为、人人可为”的原则，凡年满 18 周岁以上，身体健康、热爱地震救援事业、具有奉献精神，具备与所参加的志愿服务项目及活动相适应的基本素质，遵纪守法的社会成员，无论职业、学历、民族、国籍、信仰，都可以进行专项注册，成为“地震灾害救援志愿者”，就近就便、力所能及地开展地震灾害救援志愿服务。

按照“先建组织、后招募”“先培训、后发证”的原则，各地地震灾害救援志愿者行动指导委员会指导建立各级地震灾害救援志愿者组织，根据社会地震工作需求，定期或不定期通过广播、电视、报刊、网络、户外广告等形式，公告招募地震救援志愿者。

3. 人员注册与培训

自愿成为地震灾害救援志愿者的社会成员，在地震灾害救援志愿服务大队按照《中国注册志愿者管理办法》相关规定进行专项注册。地震灾害救援志愿服务大队在地震灾害救援志愿者申请注册之日起一个月内，委托当地地震部门对志愿者进行地震救援业务知识培训，经考核合格后，办理注册手续，颁发相关证书。各级共青团组织和地震主管部门要将注册人员登记、编号，建立人员档案，一式3份，分别由同级地震主管部门、共青团组织和红十字会存档。同时，相关部门要适时开展地震灾害救援知识培训、测试。

4. 组建志愿者队伍

各地地震灾害救援志愿服务大队结合志愿者的工作性质、所在区域、性别、年龄、服务志向、服务时间、服务需求等情况，按20人左右为一队编成地震灾害救援志愿服务队，任命队长一名、副队长两名，明确队长、副队长和队员职责，向服务队授旗（牌），并帮助指导服务队制订活动制度和服务计划。

各地已建立的“消防志愿服务队”等志愿者组织，可以在当地共青团组织的协调下同时参与“地震灾害救援志愿者”行动，根据不同时期的工作需要，开展相应的主题活动，接受相应的业务培训。各地地震部门要将地震灾害救援志愿者队伍纳入地震灾情速报队伍，发挥一队多用的功能。

“河南省地震救灾害援志愿者专项行动”工作规程表

招募
对象:本着“自愿参与、人人能为、人人可为”的原则,凡年满18周岁以上,身体健康、热爱地震事业、具有奉献精神,具备与所参加的志愿服务项目及活动相适应的基本素质,遵纪守法的社会成员,无论职业、学历、民族、国籍、信仰,进行专项注册,都可以成为“地震灾害救援志愿者”,就近就便、力所能及地开展地震灾害救援志愿服务。
招募形式:根据社会地震工作需求,定期或不定期通过广播、电视、报刊、网络、户外广告等形式,公告招募地震灾害救援志愿者。
招募流程:(1)面向社会公布招募信息,公布岗位性质、服务内容、招募条件、招募程序等;(2)组织报名;(3)资料审查,面试;(4)登记,培训,注册。

↓

培训
各地震灾害救援志愿服务大队在地震灾害救援志愿者申请注册之日起一个月内,委托当地地震部门对志愿者进行地震救援业务知识培训,经考核合格后,办理注册手续,颁发《河南地震灾害救援志愿者证》。

↓

注册
自愿成为地震灾害救援志愿者的社会成员,在各地震灾害救援志愿服务支队通过相关培训考核后,按照《中国注册志愿者管理办法》相关规定进行专项注册。地震灾害救援志愿者填写注册登记表,领取《河南地震灾害救援志愿者证》、徽章等相关证照。各级地震部门、共青团组织和红十字会部门要将注册人员登记、编号,建立人员档案,一式3份,分别由地震部门、共青团组织和红十字会部门存档。

↓

建队
各地震灾害救援志愿服务大队结合志愿者的工作性质、所在区域、性别、年龄、服务志向、服务时间、服务需求等情况,按20人左右为一队编成地震灾害救援志愿服务队,任命队长一名、副队长两名,明确队长、副队长和队员职责,向服务队授旗(牌),并帮助指导服务队制订活动制度和服务计划。

↓

服务
各级地震部门和红十字会指导地震灾害救援志愿者由易及难,由浅及深,围绕不同时期地震灾害救援工作中心任务,以掌握防震减灾知识、开展地震灾害救援为重点,主要开展以下服务:(一)防震灾害减灾宣传教育;(二)地震灾害救援。

↓

总结
每次活动结束后,服务队要做好服务记录和图片、文字、声像资料的整理并建档,指出成绩和不足,总结服务和经验,并报上一级地震救援志愿者组织。

↓

表彰
每年由“河南省地震灾害救援志愿者行动指导委员会”或其成员单位对优秀的地震灾害救援志愿者和服务队进行表彰,并通过各类新闻媒体大力宣传其奉献精神和参与社会地震灾害救援工作所取得的社会效益。

二、地震灾害救援志愿者队伍的组织和管理

地震灾害救援志愿者队伍良好的组织和管理，是吸引队员、留住队员的重要因素。地震灾害救援志愿者队伍要通过规范的制度与人文关怀，让队员感受到他们的服务是有意义的、有成效的，从而获得自身的满足感，并愿意继续参与工作。为了做好地震灾害救援志愿者队伍的组织和管理，各省可以成立地震灾害救援志愿者行动指导委员会及其办公室，各市（县、区）可成立地震灾害救援志愿者队伍办公室，承担队员的日常管理工作，负责队员入队登记、建档及组织安排开展活动。各级政府加强领导，政府有关部门密切配合，具体指导，社会各界大力支持，努力建设一支训练有素、纪律严明、反应机敏的地震灾害救援志愿者队伍，使之成为抗震救灾的有效补充力量。

（一）组织形式

按照《中国注册志愿者管理办法》精神，省地震局、团省委、省红十字会组织成立“××省地震灾害救援志愿者行动指导委员会”，主任由省地震局、团省委、省红十字会领导担任。“××省地震灾害救援志愿者行动指导委员会办公室”是其日常办事机构，办公室设在省地震局，负责全省地震灾害救援志愿者行动的规划、协调、指导和活动实施。

各省辖市依托当地共青团组织或红十字会组织，成立“××市地震灾害救援志愿服务总队”，总队长由本市地震局、团市委、市红十字会领导担任。在地震局建立日常办事机构，负责本地区地震灾害救援志愿者行动的规划、协调、指导和活动实施。

各县（市、区）依托当地共青团组织或红十字会组织，成立“××县（市、区）地震灾害救援志愿服务大队”，队长由本地地震办、共青团、红十字会领导担任。在地震办建立日常办事机构，负责本地区地震灾害救援志愿者行动的规划、协调、指导和活动实施。

各总队和大队可根据队伍规模、人员结构、工作需要等视情况设立地震灾害救援队、医疗救护队、科普宣传队、后勤保障队等分队，设分队长1～2名。

各级共青团组织负责本地区各机关、学校、团体、企业、事业单位以及社区、街道、村庄等地震灾害救援志愿者服务队的组建、人员招募、注册颁证、大型活动组织实施、应急准备和日常管理等工作。

（二）运行机制

地震部门、红十字会接受当地地震灾害救援志愿者组织的委托，负责对地震灾害救援志愿者进行地震应急救援知识培训、演练和志愿服务活动的指导。动员志愿者广泛普及震灾避险、疏散安置、急救技能等应急处置知识，参与大地震发生时的抢险救援、卫生防疫、群众安置、设施抢救和心理安抚等工作。

各级地震灾害救援志愿服务队按照属地管理原则，接受当地地震灾害救援志愿者组织的指导，接受当地地震部门、红十字会培训，各地地震部门定期组织地震灾害救援志愿者参加防震减灾知识“进机关、进社区、进学校、进企业、进农村、进家庭”“防灾减灾日”等社会活动，开展防震减灾宣传教育、地震救援演练、初级卫生救护知识技能、救助服务等工作。

地震灾害救援志愿者参加志愿服务活动具有自愿性、公益性、组织性三大特征。在组织志愿者救助服务活动期间，有关单位应当为志愿者提供必要的安全、卫生等条件和地震灾害救援现场工作的人身保险。

（三）经费保障

地震灾害救援志愿者服务具有自愿性和无偿性，但是此项服务活动的实施也有一定的培训资料、交通费用、救援装备等成本开销。为地震灾害救援志愿者队伍提供稳定的经费保障是地震灾害救援志愿服务工作持续进行的前提。纵观国内外志愿者组织经费来源，主要是政府的拨款和个人、企业或组织的赞助。地震灾害救援志愿者队伍在经费保障方面可以本着“取之于民、用之于民”的原则，采取“政府拿一点、部门资助一点、社会捐一点、个人集一点”的方式，多方筹措，保证资金来源。比如2010年河南省地震局、共青团河南省委和河南省红十字会联合印发的《河南省地震灾害救援志愿者行动实施意见》，在经费保障方面就明确指出：地震灾害救援志愿者组织和志愿服务活动的经费，由地震部门、共青团组织和红十字会共同筹集，主要包括政府财政支持、社会捐赠、志愿服务对象的资助、其他合法收入。地震志愿服务经费应当专款专用，接受有关部门及地震灾害救援志愿者的监督。

（四）预案保障

制定地震灾害救援志愿者队伍应急预案及其各分队预案，建立地震应急快速启动程序和应急工作制度，做到应急行动集结迅速、出动救援及时、收队保证队员安全，体现“招之即来、来之能救、救之有效、安全回归”的宗旨。

震情就是命令。地震应急预案的制定，首先要明确地震应急预案的启动条件、程序和响应级别，明确上至队长、下至各个分队和队员在地震时应担负的具体职责和应完成的主要任务。地震灾害发生后，所有队员要立即实现自我响应，无条件地赶到志愿者队伍所在的指挥部集合，听从队长的工作安排和指令，按各自分工迅速投入各项应急救援工作。

制定预案时，要注意根据本地区的实际情况和震情形势，使预案的各项措施既符合实际需要，又具有针对性、可操作性和实战性。在涵盖地震灾害救援全过程的同时，还要突出重点环节、重要岗位。要注意把握预案在一定时段内的连续性和稳定性，以及各分队之间、队员之间功能的合理划分和灵活的相互配合、相互补充，实现预案效益的最大化。

预案制定后，要使每位队员知道自己在地震发生后做什么、怎么做。要不断进行地震应急预案的演练，总结实战经验，进一步完善预案，提高预案的可操作性和实战性，全面提升地震灾害救援志愿者队伍的应急反应和实战救援能力。

（五）制度保障

地震灾害救援志愿者队伍的正常运行，需要建立完善的制度来保障。总体而言，地震灾害救援志愿者队伍的制度建设包括章程、管理制度、工作纪律、地震应急预案、应急快速启动程序和应急工作制度、队员管理制度、绩效考核制度、资产管理制度、人身安全保障和保险制度等，实现依法建制、依制建队和以制兴队。制度建设要结合队伍实际和工作实际，要有针对性和可操作性，比如地震应急预案、应急快速启动程序和应急工作制度要确保队伍应急行动集结迅速、出动救援及时、收队保证队员安全，体现“招之即来、来之能救、救之有效、安全回归”的宗旨。日常工作纪律制度要体现遵纪守法、随时保持通信联络、随时应招集结、服从命令听从指挥、定期参加队员学习培训集训、团结协作、为自己的行为负责等要求。震时工作纪律制度要体现遵纪守法、震情来时随时快速集结、着装整齐、随时保持通信联络、一切行动服从命令听从指挥、全力救助生命、真情奉献、避免发生队员重大人身伤亡事故，以及团结协作、为自己行为负责的纪律要求。

（六）绩效考核

本着公平、公正、公开的原则，对地震灾害救援志愿者进行绩效考核，是全面提高志愿者队伍的整体素质和快速反应能力，保障地震灾害救援志愿者队伍各项任务完成的重要措施。考核工作每年年终进行一次，遇有地震灾害或其他重大灾情救援工作结束时，要及时进行一次实战绩效评估，以利于激励先进。考核采取自评与互评的方法进行。评分标准采取 100 分制，其中 96 ～ 100 分，出色；86 ～ 95 分，优秀；71 ～ 85 分，良好；61 ～ 70 分，一般；40 ～ 60 分，基本合格，需努力；40 分以下，不合格，应淘汰。考核档次比例根据实际参与考核的人数确定，一般情况下，出色的占 5%，优秀的占 10%，良好的占 45%，一般的占 20%，需努力的占 15%，应淘汰的占 5%。考核内容主要包括德、能、勤、绩四个方面。德是指政治思想、品德修养、对志愿者活动的认可程度等；能是指专业技术水平、应急救援能力、应急决策能力、创新能力、自我学习能力等；勤是指协作性、责任心、进取心、纪律性、出勤率等；绩是指办事效率、工作质量、训练成绩、救援效果等。实行星级队员和一定的物质奖励制度，对在年度或应急救援实战中被评为优秀的队员给予一星奖励，同时推荐给省地震灾害救援志愿者行动指导委员会给予表彰；

对累计三次被评为良好的队员，给予一星奖励。要建立绩效考核档案，并以此为基础，经过系统的统计分析，制定出整个志愿者队伍的培训发展规划，全面提高队伍的整体地震灾害应急救援能力。

志愿者队员绩效评估表

类别 姓名	个人素质（10分）	工作业绩（30分）	工作态度（20分）	工作能力（30分）	考　勤（10分）

（七）评选表彰

“××省地震灾害救援志愿者行动指导委员会”或其成员单位适时对优秀的地震灾害救援志愿者和服务队进行表彰，并通过各类新闻媒体大力宣传其奉献精神和参与地震灾害救援工作所取得的社会效益。表现突出的志愿者及集体推荐参加“××省十大杰出青年”“××省十大杰出志愿者”等奖项的评选。

（八）工作要求

《国家地震应急预案》规定：“灾区所在地抗震救灾指挥部明确专门的组织机构或人员，加强志愿服务管理；及时开通志愿服务联系电话统一接收志愿者组织报名，做好志愿者派遣和相关服务工作；根据灾区需求、交通运输等情况，向社会公布志愿服务需求指南，引导志愿者安全有序参与。”

通过汶川大地震抗震救灾工作可以看出，政府抗震救灾指挥部在制定现场救援方案时要充分考虑到志愿者工作，做好工作协调和志愿者安排引导工作。同时，志愿者组织要服从现场抗震救灾指挥部领导，通过信息交流平台，及时获取灾区受灾情况，保证救援行动的统一、持续和高效，完成资源的有效整合，实现合理利用，达到最好的救灾效果。

此外，在无灾难发生时，政府也应注重同民间志愿者组织的沟通，地震、民政和团委等部门都能够成为政府与志愿者之间沟通交流的良好平台。在日常工作中，创造环境，引导志愿者正确参与防震减灾活动，建立起相互信任、相互支持、协调互动的合作关系，这样才能共同做好防震减灾这项全民工程。

三、地震灾害救援志愿者队伍的服务内容

各级地震部门和红十字会指导地震灾害救援志愿者由易及难，由浅及深，围绕不同时期社会地震救援工作中心任务，以掌握防震减灾知识、开展地震灾害救援为重点，主要开展以下服务：

（一）防震减灾宣传教育

做好日常地震灾害风险防范知识和地震救援知识的宣传普及；协助和参与《中华人民共和国防震减灾法》和防震减灾方针政策的宣传贯彻活动；在防灾减灾日或重大地震事件主题活动期间为群众提供防震减灾知识咨询和服务等。

（二）地震灾害救援

各级地震灾害救援志愿者组织均应积极开展地震救援志愿服务活动。地震灾害救援志愿者每年要参加地震应急救援演练专业培训。

地震灾害救援志愿者按培训目标或技能（特长）参与地震灾害救援：

熟悉所在机关、学校、团体、企业、事业单位以及社区、街道、村庄人员和经济情况，熟悉化工、水电气等地震次生灾害源，熟悉应急情况下救援联络方式，在发生大地震时，能就近及时向当地政府和地震部门速报灾情。

能及时到达指定地点投入救援，能协助专业搜救队伍开展工作。

能医疗救护生存者。包括伤员搬运方法，掌握徒手心肺复苏、创伤救护等初级急救技能，可对伤员进行基本的救护。

能对灾民提供心理救助。

能协助组织群众进行疏散，到地震应急避难场所协助组织、分配救灾物

资和伤员护理等。

四、地震灾害救援志愿者队伍的基本装备

地震灾害紧急救援通常要在复杂、恶劣和狭小的救援空间等危险环境下进行，有时甚至需要穿过、支撑或移动质量大、强度高的钢筋混凝土、石材等建筑物构件，是一项时效性极强、涉及救援人员和被救人员生命安全的综合性工程。因此，成功的地震紧急救援行动除了训练有素的救援人员、精湛的搜救技术和丰富的救援经验外，还必须配备足够数量的救援装备。

（一）救援装备配备

按照救援装备的用途可将救援装备分为营救、医疗、技术、通信、规划类；按照救援装备的动力性质可划分为液压、气动、电动、机动和手动等。

地震灾害救援志愿者队伍要依据主要任务和救援职位设置，配备救援装备。参照城市搜救救援专业救援队组织机构和职位设置，建议县（区）地震灾害救援志愿者队伍装备满足 8 个营救职位、4 个医疗职位、4 个技术职位、4 个通信职位、4 个后勤职位和 4 个规划职位独立开展救援时间不少于 24 小时的中型救援能力的要求储备救援装备，并满足如下志愿者救援行动的需要：

灾害信息实时搜集与分析；在倒塌建筑物上实施有效的技术搜索；救助重伤员 10 名、中度伤员 15 名、轻伤 25 名；倒塌的承重墙结构救援、狭小空间救援、打通通道、支护危险建筑物；垂直升降绳索救援。

县（区）地震灾害救援志愿者队伍装备配备建议参照表

类别	序号	装备名称	技术指标	数量	备注
营救类	1	气垫	105kN	1 个	
	2	气垫	198kN	1 个	
	3	气垫	301kN	1 个	
	4	气垫附件	800kPa	1 套（含 6.8L 气瓶 4 个）	包括气瓶、减压阀、输气管等
	5	液压千斤顶	500kN/100mm	1 台	包括手动液压泵
	6	液压剪切钳	最大切割直径 50mm	1 把	配套使用
	7	液压扩张钳	扩张力 80kN	1 把	

续表

类 别	序号	装备名称	技术指标	数 量	备 注
	8	机动液压泵	双输出	1 台	
	9	液压油管	20m	1 根	
	10	机动无齿锯	300mm	1 台	配套使用
	11	机动无齿锯片	硬质合金	12 片	
	12	机动无齿锯片	金刚石锯片	12 片	
	13	机动无齿锯片	切金属	12 片	
	14	增压水泵射罐		1 个	
	15	机动链锯		1 台	
	16	冲击钻	电动（38mm）	1 台	带锁止钥匙
	17	冲击钻钻头		1 套	
	18	电锯		1 台	配套使用
	19	锯片	铜	12 片	
	20	锯片	合金	2 片	
	21	往复锯		1 台	配套使用
	22	锯片	锯木材	12 片	
	23	锯片	锯金属	18 片	
	24	风镐	G10/G20	1 台	带充气垫
	25	破拆锤	20 ~ 40kg	各 1 把	
	26	顶杆	带扩展管	2 台	
	27	螺旋－金顶	行程 40mm	6 台	2 台 /1 套
	28	多轮切管器	直径 38mm	1 台	
	29	牵拉器	20 ~ 40kN	1 台	配钢链
	30	钢锯	重型	2 把	配套使用
	31	合金锯片		3 包	
	32	手锯	650mm	2 把	
	33	手动剪切钳	762mm	1 把	
	34	手锤	1.4 ~ 1.8kg	4 把	短把 2 把
	35	手锤	3.5 ~ 4.5kg	2 把	
	36	凿子	25mm×197mm	2 把	淬火
	37	尖头撬棍	1500mm（长）	4 根	
	38	羊角撬棍	1000mm（长）	2 根	
	39	铁锹	折叠、短把	2 把	

续表

类 别	序号	装备名称	技术指标	数 量	备 注
	40	铁锹	方头、长把	1 把	
	41	铁锹	圆头、短把	1 把	
	42	铁锹	铲式、D 形把手	1 把	
	43	斧头	尖头	1 把	
	44	斧头	平头	1 把	
	45	通用工具	金工	2 套	
	46	榔头	0.7kg	2 把	
	47	手动破拆工具		2 套	
	48	运料桶	金属或帆布	4 个	
	49	方木	0.1m×0.1m×2.5m	8 根	
	50	金属管	38mm×2m	6 根	
	51	垫木和楔木		2 套	
	52	标志杆	钢	6 根	
	53	卷尺	5m	6 把	
	54	曲尺或直尺		2 把	
	55	钉子	各种规格		
	56	管道密封带		2 卷	
	57	绳索救援马具	救援专用	2 套	
	58	固定绳	13mm×90m	2 根	带芯被覆绳
	59	固定绳	13mm×6m	2 根	带芯被覆绳
	60	固定绳	13mm×45m	2 根	带芯被覆绳
	61	救援滑轮		6 个	
	62	卡宾环		24 个	
	63	摩擦器		4 个	
	64	边角保护器		2 个	
	65	吊带	长度可调，带环	2 根	皮革
	66	标示器材		1 套	
	67	发电机	2kW	3 台	
	68	电缆	外接 50m	4 卷	带卷尺
	69	电缆	外接	15m	带接线盒
	70	照明灯	泛光，500W	4 台	含支架
	71	排风扇		1 台	正压

续表

类 别	序号	装备名称	技术指标	数 量	备 注
	72	灭火器	泡沫	3 台	
	73	万用表		1 块	
	74	强光搜索灯	手提式	16 台	充电电池
	75	标记笔		10 支	
医疗类	76	外伤捆绑带		1 套	
	77	医疗检查器具		1 套	
	78	外伤急救包		1 套	
	79	双带脊柱板		1 套	
	80	毛毯		2 条	
	81	帆布担架		1 个	
	82	应急药品		若干	抗菌素、抗生素、镇静麻醉止痛安定药等
	83	急救包		1 个	
技术类	84	光学生命探测仪	蛇眼	1 台	
	85	氧气探测仪		1 台	
	86	可燃气体探测仪		1 台	
	87	漏电检测仪		1 台	
通信类	88	集群通信		1 台	车载
	89	步话机		32 部	
规划类	90	照相机		1 台	
	91	摄像机		1 台	
	92	计算机		1 台	笔记本
	93	力锤		2 把	
	94	回弹仪		1 台	
	95	口哨		15 个	
	96	警戒带	100m	3 卷	
	97	警戒杆	3m	10 根	

地震救援装备配备的基本要求

1. 体积小、重量轻，便于携带；

2. 易于启动和操作，安全防护性能好，维护保养方便；

3. 具有较强的功能拓展性、组合性和兼容性；

4. 地震救援装备常在狭小空间中使用，要充分考虑人体工程学的要求；

5. 应满足环境安全性的要求，避免对救援人员和被压埋人员造成危害。

（二）救援装备存储

装备的存储是提高应急救援效率的一个重要环节，安全存放装备器材且保证每样装备处于最佳工作状态是装备存储的基本要求。科学有效的装备分类管理和存储能够有效地缩短救援队出队的时间，有效提高工作效率。

救援装备存储应遵循以下基本要求：

（1）保证在日常完备有效，不得随意使用或挪作他用。

（2）按照规定定期进行检查、维护、清洁，及时更新、补充缺失设备。

（3）救援装备的保管要依据类别、性质和要求安排适应的存储仓库，并做到分类存储、定点堆码、合理布局、方便收发作业、安全整洁。

（4）装备分区、分类堆码（如应急物资存储区、待转区、检修区等），按类别、规格和型号系列化摆放，并持牌标明品名、规格和数量。

（5）按照装备物资的优先级别装箱存储，并用不同的色标区分优先顺序。

（6）精密仪器、仪表、量具恒温保管，定期校验精度。

为了做好救援装备的存储，要建立健全存储管理制度，包括库房安全管理制度、装备器材出入库管理制度、维修保养制度、工作人员岗位职责、应急工作预案及工作流程图等。同时，库房还要配齐各种消防设施、器具并定期检查、维修，做好消防安全措施，及时清理各种易燃杂物。库区各部位实行防火责任制，严禁烟火，防火标志要悬挂在醒目位置。

此外，救援装备还必须进行维护与保养，做好日常运转检查，充电设备根据具体要求进行充电，救援车辆半个月或一个月进行运行检查，救援装备半个月或一个月进行运转检查工作状况。对于破拆、顶升等器械，应当确定专职人员维护保养，自身没有能力维护保养的，应当委托具有消防设施维护保养能力的组织或单位进行装备设施维护保养，并与受委托组织或单位签订合同，在合同中明确维护保养内容。维护保养，应当保留记录。

作为志愿者，首先要具备使用志愿者队伍中现有的一般救援工具的能力，还应主动了解掌握专业救援队伍的有关专业救援工具，以便协同配合即将到达的专业救援队伍开展更艰巨复杂的救援工作。

五、地震灾害救援志愿者队伍的培训与演练

培训是现代人力资源管理的重要环节和职能之一，体现了以人为本的管理理念，能够激励人更好地为组织和目标工作，从而为组织的发展提供人力和智力支持。地震灾害救援志愿者培训就是指用不同的组织机构和人员通过多种方法对志愿者进行培育和指导，从而使其获得参加地震灾害救援所需的知识和能力。

招募到合适的地震灾害救援志愿者，并不意味着这些志愿者能马上提供有效的服务。很多时候，地震灾害救援志愿者热心社会公益事业，具有奉献精神，但对地震灾害救援工作的基本理念、专业知识、基本技能了解或掌握得并不全面，而地震灾害救援本身又是一项复杂、危险的工作，这就必须通过培训、演练来让志愿者掌握地震灾害救援的相关知识和技巧。

《社区志愿者地震应急与救援工作指南》(GB/T23648—2009)明确指出，社区志愿者地震应急与救援队伍应进行培训和演练。《国家地震紧急救援训练基地培训与考核大纲》（试用）也对地震灾害志愿者队伍培训与演练做出详细规定。

（一）地震灾害救援志愿者队伍的培训

一般来说，地震灾害救援志愿者队伍培训宜包括以下内容：

（1）防震减灾基本知识。包括地震基本科学知识，地震监测预报、震灾预防和应急救援的有关知识，建设工程抗震设防知识与措施，我国及本地区地震地质环境和地震活动特点，国家有关防震减灾政策和法律法规，我国地

震预测科学水平和防震减灾工作成就与现状，识别和预防地震谣传的知识等。

（2）地震应急救援知识。包括自救互救知识、医疗救护和卫生防疫知识、地震次生灾害防控知识、避险与疏散组织协调、模拟演练等。

（3）地震应急救援技能。包括被压埋时的几种自救办法，他人被压埋时的营救方法，简易防护器材的制作和使用，消毒、包扎、止血、固定、搬运以及人工呼吸、胸外科心脏按压等方面的简易急救方法。

为了更有效地进行培训，不同类型的地震灾害救援志愿者队伍可结合实际和自身特点，在培训过程中对某些内容有所侧重，或者对培训内容进行适当增减，比如，社区地震志愿者队伍可在培训中增加本地区地震地质环境和地震活动特点。在培训形式上，也可采用专家授课、网络教学、集训和模拟演练等形式进行。《国家地震紧急救援训练基地培训与考核大纲》（试用）中规定：志愿者培训时间不少于 3 天，24 课时，培训时间可连续进行，也可分批分阶段进行。

国家地震紧急救援训练基地培训与考核大纲（试用）

课　目	具体内容
基本理论	地震应急法律法规基础
	地震与震害知识
	地震灾害及防护
	国际救援标识
	卫生防疫知识
基本技能	个人防护技术
	现场急救技术
	心理素质训练
专业部分	志愿者队伍建设
	自救互救技术
	搜索设备操作
	营救设备操作
	保障设备操作

（二）地震灾害救援志愿者队伍的演练

“纸上得来终觉浅，绝知此事要躬行。”地震灾害救援志愿者队伍要想在抗震救灾中发挥作用，就要在接受培训的基础上，根据地震应急预案不断进行演练，强化每个队员在地震应急救援中的职责和任务，以便在救援中熟练应用。同时，组织志愿者进行地震应急演练，也是做好地震灾害救援志愿者队伍组织建设中必不可少的重要环节。

按演练方式不同，地震应急演练可分为三种类型：桌面演练、功能演练和全面演练。

桌面演练是指参演人员利用地图、沙盘、流程图、计算机模拟、视频会议等辅助手段，针对事先假定的演练情景，讨论和推演应急决策和现场处置的过程，促进相关人员掌握自身职责和工作程序。桌面演练通常在室内完成，需要安排 1 ～ 2 名主持人，并安排评判人员观察记录演练进程及促进演练目标的实现。桌面演练仅需要在时间、成本和资源方面做出较小的付出，是一个锻炼地震灾害救援志愿者队员明确应急职责、行动流程和相互熟悉的有效途径。但是由于缺乏真实性，不能为演练人员提供真正的考验机会，在深层次能力提升方面作用有限。

功能演练是针对某项应急响应功能或其中某些应急响应行动举行的演练活动。例如，地震志愿者队伍医护演练，目的是检测志愿者队伍中医疗救护的应急响应能力，参与人员主要是志愿者队伍中的医疗人员。功能演练规模比桌面演练大。

全面演练，也叫现场演练，是指对应急预案中的全部或大部分应急响应功能进行检验，演练过程要尽量真实，一般持续几个小时或更长时间。全面演练过程复杂，事前应经过周密的策划，演练过程可划分为演练准备、演练实施和演练总结三个阶段。全面演练具有真实性和综合性，是最高水平的演练活动，能够较为客观地反映地震灾害救援志愿者队伍的各项能力，但是演练成本也较高。

演练虽然不是实战，但模拟演练应该模拟实战、服从实战的要求，目的是使队员明确自身岗位、熟悉应急程序、发现问题并解决问题，提高实战的技能。因此，演练必须有计划和方案，并在实施中不断调整完善。最终检验演练效果的是实际救援。演练对志愿者个人来说是一次提高技能的过程，对整个队伍而言是一次提高综合战斗力的过程。

地震灾害救援志愿者队伍在进行演练时要包括下列内容：

（1）人员疏散训练与演练。包括熟悉人员居住分布情况、避难场所情况、疏散集合地点、疏散路线等。

（2）自救互救训练与演练。包括熟悉建筑物分布和结构、布置警戒线方法、设置被压埋人员所处位置标志的方法、练习被压埋时的自救方法和营救方法。

（3）急救处理训练与演练。包括急救药物的使用方法，消毒、包扎、止血、固定以及人工心肺复苏等方面的简易急救方法。

（4）防范次生灾害训练与演练。包括熟悉电闸、燃气及水阀门、消防栓分布的位置和关闭方法，练习灭火器使用方法。

《国家地震紧急救援训练基地培训与考核大纲》（试用）规定，志愿者培训中演练时间不少于8小时，具体有居民区楼房倒塌救援行动、学校倒塌救援行动、生化实验室倒塌救援行动、爆炸救援行动、交通事故救援行动、地铁突发事件救援行动、重点目标倒塌救援行动、国际灾害医学救援行动等八个课目。

地震灾害救援志愿者队伍在组织培训与演练时，应每年制订培训计划、演练计划，按计划实施培训、演练工作；业务骨干每季度组织一次培训，其他人员每半年组织一次培训；每年至少组织一次地震应急演练；对受训志愿者颁发相应的培训证书。

第三节　地震灾害救援志愿者个人

地震应急救援是地震应急工作的核心。地震应急救援主要是指在地震发生后进行快速及时的以救助生命为主要目标的应急行动，有效的地震应急救援是减少人员伤亡的关键。当地震灾害救援志愿者公布招募公告以后，也许会有很多人积极报名参加志愿活动，但并非所有的应聘者都有机会获得参与服务的机会，因为在地震灾害现场，伤病员、被压埋人员人数众多，情况复杂，早期救助对抢救生命、减少伤残和死亡有重要作用，抢救越及时，死亡率越低。那么对于志愿组织来说，应该对那些应聘者做适当筛选，选拔出最合适的志愿者，从而在地震发生后进行及时、有效、恰当的救援工作，最大限度地减少人员伤亡和财产损失。

一、志愿者个人的基本素质

“专业志愿者”，是芦山地震的一个关键词。地震后，众多志愿者奔赴灾区，一度造成“救援进不去，伤者出不来”的窘况。于是，人们呼吁，缺乏专业技术的志愿者不要贸然进入，以免给灾区添堵。而共青团广东省委、共青团惠州市委在组织青年志愿者抗震救灾服务队时，也要求报名者应“具备专业救援技能”或“专业技能”。那么，一名想到地震灾区服务的志愿者，该具备怎样的素质和技能，才称得上“专业”呢？

破坏性地震发生后，灾区情况不明，余震还在继续，道路可能被震塌，山石会滚落，随时会遇到受伤的灾民。地震志愿者与普通志愿者相比，在招募时往往有其自身要求。《山东省地震救援志愿者管理办法（试行）》规定的招募条件：年满 18 周岁，身体健康，具备与所参加的地震救援志愿服务工作相适应的基本素质；热爱防震减灾公益事业，具有奉献精神；遵守法律、法规以及志愿服务组织的章程和其他管理制度；鼓励具有建筑、医疗、救助与救援、消防、心理咨询辅导等专业特长者参加地震救援志愿服务组织。不同的地震紧急救援志愿者队伍在招募志愿者时，条件要求虽然稍有不同，但一般都应具备奉献精神、遵纪守法、品行端正、较强责任心等基本素质，更要具备能参与地震救援的身体条件和服务能力，如了解地震基本知识，懂得自救互救等。

（一）能爬山，懂急救，有组织

首先是良好的身体素质，在地震灾害救援中，你可能要背着药品物资翻山越岭。其次，要懂得一些紧急救援的知识，比如简单的伤口处理。最后，要“有组织”，具备不同专业技能的人员集结成服务队，并及时与政府部门联系，这样才能保证工作效率。队伍里有医生护士，有专业的工程器械操作员，有物资需求调查与发放人员，还要有与政府部门协调各类事宜的人员等。

（二）较强的心理辅导和语言沟通能力

强烈地震发生后，房屋倒塌的情景和一些血肉模糊的场面，会造成人的恐惧心理。作为地震灾害救援志愿者，必须要克服恐惧心理，自我调适，把注意力集中到如何高效地救援上，这样才能发挥应有的战斗力。在疾病防疫、灾后重建过程中，志愿者必须大量接触受灾群众，因此，志愿者应该具备一根坚强的神经，要及时而不厌其烦地为受灾群众送去心灵的抚慰和关怀，志愿者应该积极帮助灾区群众逐步摆脱地震阴影，重拾生活希望。

小贴士 **自我减压方法**

一是正确认识压力。适当的压力不仅无害，反而会提高人的办事能力。长期处在没有压力的环境下的人，很难经得起逆境、挫折的考验。所以，正常的压力并不需要排除，当心理压力超过个体承受能力时，才要想办法应付和减轻。二是量力而行。要调整好参与应急救援的速度，注意劳逸结合，设立合理的目标，不能期望过高，要增强自信心，提高工作效率。三是主动疏泄。心理压力使人产生悲伤、怨恨、愤怒等不良情绪，如果长时间得不到合理的疏泄，必将导致疾病。因此应主动宣泄不良情绪，痛哭一场也好，放声大笑也好，找人倾诉也行，直到把不良情绪宣泄掉为止。四是心理救助。当情绪不高、郁闷等不良情绪无法通过自己疏泄时，应及时请求专业人士给予心理援助。

二、志愿者个人的基本装备

参与地震灾害救援是一项具有危险性的活动。为志愿者配备个人装备能对志愿者个人起到保护作用，从而提高救援效能。地震灾害救援志愿者个人防护装备配备必须坚固（防割、阻燃）、耐用、穿着舒适，并满足恶劣环境条件下的作业的要求，同时应选配一定数量的防化服和防辐射服。国家标准《社区志愿者地震应急与救援工作指南》（GB/T 23648—2009），对志愿者个人装备做了明确规定。

社区志愿者队伍个人装备表

序号	品名	数量	要求
1	工作服	1套	结实、耐污
2	救援鞋	1双	防电、防水、防扎
3	安全帽	1顶	头盔
4	防护手套	2副	防割
5	防尘口罩	1个	

地震应急救援队伍个人装备按人员配备，我们这里给出了最基本的配备内容、数量和要求。不同的地震灾害救援志愿者队伍因其自身实际，配备的个人装备可能会有不同。

地震志愿者队伍个人装备表

序号	品名	数量	要求
1	工作服	1套	结实、耐污
2	救援鞋	2双	防电、防水、防扎
3	安全帽	1顶	头盔
4	防护手套	2副	防割
5	防尘口罩	1个	棉线
6	自发电手电筒	1个	
7	急救包	1个	内含简单医疗用品
8	饭盒、水袋	1套	
9	背包	1个	带救援志愿者标志

志愿者个人装备一般由个人负责保管。要对个人装备进行维护与保养，做好日常运转检查，对有保存时限的装备，要定期更换，确保随时可用。

三、志愿者个人的救援行动

志愿者个人的救援行动是指志愿者个人在受领救援任务后从启动到撤收的全过程，是实施救援行动的指南。救援行动的组织与实施分为四个阶段：自我响应、接受志愿者队伍分配的任务（包括运输救援工具、设备）、现场救援、转移／撤离。

（一）自我响应

破坏性地震发生后，在身体和工作条件允许的情况下，立即按照预案自我响应，迅速地准备个人装备和随身物资，到达指定地点，进入待命状态。在准备的过程中向家人、单位说明自己要去参与志愿服务的情况。

（二）接受志愿者队伍分配的任务

按照队伍的具体要求，或快速前往灾区指定地点（包括运输救援工具、设备），或留守本部，做好通信联络和后勤保障工作。

（三）现场救援

志愿者队伍到达地震现场后，应及时到地震现场指挥部报到，接受其统一指挥，受领任务。作为志愿者个人，要根据队伍安排实施救援行动，包括收集信息、现场警戒、搜索行动、营救行动、急救医疗行动、安全防护、通信、保障、撤离。

1. 收集信息

收集信息指展开地震现场救援行动之前，收集所有与救援相关的信息，作为部署现场救援行动的依据。一是通过各种途径了解灾害或事故造成的建筑物破坏情况：遇难者数量，受难状态；志愿者队伍受领的任务，责任区域；现场的道路、通信（市话、长途、移动电话、计算机网络）、供电（动力电、照明电）、供水等条件的现状；灾区所在的地理位置、受灾范围、气候情况、重点区域（银行、监狱、化工厂等）、所有生命线工程等。二是到达现场由安全技师进行快速勘察，确定救援工作区范围，进行警戒，进行建筑物的数量、结构类型、层数、破坏程度、破坏类型评估，建筑物内压埋人员的估计；危险源的位置、种类、数量、威胁程度的评估。确定是否马上进行应急救援。

2. 现场警戒

指对于救援现场实行强制性的封闭管理，目的是保证救援行动不受干扰，防止二次灾难的发生，保障救援队员、压埋人员的生命安全。封锁现场，首先需设置隔离区，然后转移现场内居民，禁止外部人员进入现场，并适时移交任务。

3. 搜索行动

搜索行动就是找寻被压埋者并判断其位置，为营救行动提供依据。搜索方式包括三种：初步的人工搜索，以尽快发现地表或浅埋的压埋人员；搜救犬搜索，以寻找被掩埋于废墟下的压埋人员；对重点部位进行仪器搜索，以精确定位。

4. 营救行动

营救行动指运用起重、支撑、破拆及其他方法使压埋人员脱离险境。抢险救援应以人为本，救、护结合，实施有组织、高效率的救援行动，尽全力抢救人民群众的生命。

小贴士　抢险救援行动的一般程序和步骤

第一步：封控现场。灾害现场将会有大量群众、亲友及志愿救助者。警戒分队应首先迅速封锁现场，疏散围观群众，劝阻亲友等进行的盲目救助，划定警戒区域，派出警戒人员。

第二步：安全评估。首先由负责安全的技术人员对现场进行安全评估，确定是否存在二次倒塌等危险的可能性，制定搜救的方法、路线和手段，然后派出搜排组对现场进行周密细致的搜排，确认现场的情况，最后对救援现场进行支撑加固。其目的是确保救援现场的安全性，以防施救过程中发生事故。

第三步：搜索确认。通过现场询问、调查等方法，了解现场的基本情况，然后采用人工搜索、搜索犬搜索、仪器搜索等方法，确认是否有生存人员及其准确位置。在人工搜索时，主要采取喊、敲、听的方法；在搜索犬搜索时，通常是在不便于仪器搜索或搜索面积较大时使用；在仪器搜索时，主要利用声波生命探测仪、红外搜索仪等搜索设备，进行搜索探测。

第四步：实施营救。当确认被困人员位置后，利用救援专用设备和救援器材，采取破拆、顶升、凿破等方法，创造通道，抵达被压埋人员所在位置，必要时可扩大施救空间，以保证救援人员的进入和装备器材的使用。针对不同的建筑物和构件，在进行破拆作业时，通常使用无齿锯、剪切钳等；在进行顶升作业时，通常使用顶升气垫、扩张钳、千斤顶、顶杆等；在对墙体、构件进行凿破作业时，通常使用凿岩机、手动凿破工具等。

第五步：医疗救护。在清理废墟并抵达被困人员被困位置后，医疗人员应立即展开救护，对被困人员进行心理安慰，实施固定包扎，并指导救援队员的行动，迅速撤离，以保证被压埋人员的安全。对伤势重的伤员进行简单的医疗处理后，尽快送到专门医疗机构。

（四）转移 / 撤离

转移是指完成救援任务后离开原工作区工作。撤离是指完成救援任务后离开灾害现场返回。志愿者个人的转移 / 撤离要根据志愿者队伍的统一安排。志愿者队伍是否转移 / 撤离，主要依据以下条件：

救援工作区内的受难者已经全部被找到，幸存受难者已经救出并转移给现场医疗队。经过精细搜索，未发现被压埋者。志愿者队伍请求转移 / 撤离。

救援工作区内的受难者尚未全部找到，但接受现场指挥部命令转移至新的救援责任区，原责任区的搜索与营救任务移交给其他救援队或救援单位。救援队奉命转移 / 撤离。

搜索与营救行动已经持续较长时间，尚有遇难者被压埋但存活的可能性很小，继续搜索将成效甚微，现场指挥部已批准开始使用重型机械清理废墟。

在转移/撤离过程中，志愿者个人要注意保留现场行动记录，归还借用物品，协助队伍收拢队员，清点人数；收回救援工具、装备、器材和所有物资，并进行清点登记；拆除帐篷、临时设施，恢复原貌；妥善处理垃圾，做到不污染环境。

小贴士　芦山7.0级地震四川省抗震救灾社会组织和志愿者服务中心

芦山7.0级地震四川省抗震救灾社会组织和志愿者服务中心受省社会管理服务组领导，负责上报反映所收集到的有关社会组织、志愿者及安置点的需求和诉求信息。同时，服务中心与雨城、名山、芦山、宝兴、天全、石棉等两区四县抗震救灾指挥中心实现信息平行、互通、共享。服务中心负责对社会管理服务站进行指导，汇总服务站有关社会组织、志愿者及安置点的需求和诉求信息，传达社会管理服务组指示。

服务中心设接待部、综合部和服务部三个部门。接待部负责电话接听、信息收集、咨询服务和情况分类流转。综合部负责服务中心的对外宣传工作，统筹中心内部管理运行、对外联络和后勤保障工作。服务部下设组织报备、志愿服务、项目申报、行动协同四个窗口。其中，组织报备组负责提供社会组织和志愿者填写登记表格、承诺书，审核社会组织和志愿者资质后发放志愿服务证。志愿服务组负责登记社会组织、志愿者及安置点的需求和诉求信息，经核实后，发布志愿服务任务，按需派遣社会组织和志愿者开展工作。行动协同组负责统筹协调社会组织之间、社会组织与志愿者之间的人员、项目和资源，处理投诉、纠纷、建议等。

第五章　地震应急避险与自救

破坏性地震发生时，从人们发现地声、地光，感觉到地面震动，到房屋大面积地遭到破坏、倒塌形成灾害，往往有几秒到十几秒的时间。这段很短的时间就叫大震的预警时间。志愿者只要掌握和了解一定的应急避震知识，保持清醒的头脑，就有可能抓住这段宝贵的时间，从而有效地保护自己，及时救助他人。

第一节　地震应急避险原则和方法

大地震的情况很复杂，每个人所处的环境千差万别，各种建筑的结构和新旧程度各不相同，因此应急避险的方法不可能千篇一律，要根据具体情况采取正确的抉择。这里，只向志愿者介绍应急避震的一般原则。

一、地震应急避险的基本原则

国内外的经验和教训表明，我们对地震的突然袭击还缺乏深刻的认识，而由于地震时每个人的具体情况也不一样，因此，针对地震，有一些科学避震的基本原则。

（一）因地制宜，不要一定之规

大地震发生时，情况很复杂。例如，震时位置千差万别，建筑物的结构、新旧程度也各不相同。志愿者一定要根据各人的具体情况采取正确的抉择，做到因时因地制宜，选择正确的避震方法。唐山地震时，唐山某学院的陈老师也是幸存者之一。那年夏天，陈老师家所在的楼房经常停水，需要每天后半夜起来接水。当夜 3 点半左右，陈老师起床去厨房接水时发生了地震。他想到大屋去叫人，但还没跨出门槛，楼房就开始往下塌，砖往头上砸。陈老师用手捂住头蹲了下去，身子跟着楼板一起往下降。最后，陈老师发现自己蹲在一片废墟上，身子四周堆满了碎砖块。陈老师扒开四周的碎砖和灰沙，爬到了空地上，而他的家人都被砸埋在了废墟里。震后人们发现，这幢楼为砖墙预制板顶筑框架结构，抗震性能差，靠南侧的大房间四层全部倒塌，逐层向南滑落；靠北侧是厨房、厕所、小开间，一楼完好，二楼基本完好，三楼东西两侧塌下，四楼仍有个别残存。陈老师当时正在小开间内，因房顶的整体性相对较好，面积小，预制板只能向一边甩，不能整体坠落，才避免了被砸埋。

（二）行动果断，不要犹豫不决

避震能否成功，就在千钧一发之间，容不得瞻前顾后，犹豫不决。有的人本已跑出危房，又转身回去救人，结果不但没救成，自己也被压埋。想到救别人是对的，但只有保存自己，才有可能救助别人。唐山地震时，有位在唐山发电厂工作的王先生曾回忆当时的情景：当天晚上天气闷热，因为要照顾出了荨麻疹的爱人，所以睡得很晚。刚要入睡的时候，听见东南方向好似发洪水般的响声，王先生意识到这可能是地震的响声，很害怕，带着哭腔喊道："地震了，赶快跑！"见东边天空明亮，风刮得正响。他立即从窗户跳出，他爱人紧接着也急速跳了出来。当他们到院子里时，已经感觉到身体站不稳，上下颠簸得很厉害，感到地面起伏足有一米高，随后是左右晃动，并发出巨大的响声，接着房屋倒塌。

（三）听从指挥，不要擅自行动

在公共场所时，志愿者要听从指挥，镇静避险，避免拥挤、踩踏伤亡，不要擅自行动。1994 年 9 月，我国台湾海峡南部发生 7.3 级地震，福建、广东沿海地区受到一定程度的破坏和影响。在这次地震中，有 700 多人因震时慌乱出逃拥挤而受伤，其中多为中小学生。但在离震中较近的福建漳州市的一些学校，由于学生们在老师指挥下沉着避震，无一人伤亡。

地震活命三角区

当建筑物倒塌落在物体或家具上时，倒塌物的重力会撞击到这些物体或家具，使得靠近它们的地方留下一个空间，这个空间就被称作“地震活命三角区”。物体或家具越大，越坚固，它被挤压的余地就越小，周围的空间就越大，于是利用这个空间的人免于受伤的可能性就越大。

地震活命三角区示意图

二、地震应急避险方法

（一）震时避险的基本方法

国内外地震伤亡情况表明，地震造成人员伤亡的危险主要来自四个方面：房屋倒塌砸压；室内悬挂物和摆放物掉落砸压；外逃过程中被倒塌的女儿墙、围墙、高门脸、装饰物等砸压；外逃过程中发生踩踏事故等，以及由于火灾、爆炸等次生灾害造成的伤害。

针对以上地震造成人员伤亡的主要危险，国内外提出了各种震时避险的方法和措施。结合我国目前建筑物的实际情况和地震后的主要危险因素，归纳出的做法主要有以下几种：

1. 就近室内躲避法

感觉地震发生时，就近躲避到小开间房屋内，承重墙的墙根、墙角，坚固的桌子、床等家具下。采取的姿势是蹲下用双臂或坐垫等物保护好头部，等强烈震动过去之后再快速地撤离室内，疏散到室外安全地带。在日本、美国等发达国家，都倡导地震发生时“躲在桌、椅下，抓住桌、椅腿”的方式。如美国联邦应急管理署（FEMA）编制的《地震安全手册》中宣传的方法是:“蹲下，寻找掩护，抓牢——利用写字台、桌子或者长凳下的空间，或者身子紧贴内部承重墙作为掩护，然后双手抓牢固定物体。如果附近没有写字台或桌子，用双臂护住头部、脸或蹲伏在房间的角落。”这种做法的适用范围是在抗震性能好的建筑物内，因为这种建筑物一般不会倒塌，躲避的目的是避免悬挂物或者高处物品掉落砸压。

躲在室内相对安全的地方

2. 躲在桌子、床等坚固的家具旁边

当建筑物发生倒塌时，天花板和墙体塌落可能砸坏室内物品和家具，如果人员躲避在下面，容易造成伤亡；但天花板和这些物品或者家具之间往往会形成一些空间或空隙。如果躲在这些空隙里将会减少伤亡的可能。基于这样的认识，提出了躲到具备支撑能力的物体旁的做法。具体躲避位置的选择包括承重墙角、构造柱与承重墙形成的角落等安全三角区，或者承重墙边的卫生间、结实的床侧面。采用面朝下趴着的方式，尽可能地就近找到枕头、被子、靠垫、金属脸盆等物品保护头部，这样地震时如果有塌落的楼板、墙板、梁体等，由于支撑物的阻挡也可以一定程度地保护身体。这种做法适用于人处在抗震性能极差的建筑物内，地震时房屋可能倒塌又无处可跑的情况。但是，躲在家具侧面还有一个不确定的因素，就是房屋倒塌时可能造成家具位置的移动，原先认为可能存在的支撑空间会消失，而且家具倾倒也会伤到人。

室内避震方式

3. 迅速撤离到安全地方

在 2008 年汶川地震时，震中附近的学校，采用快速外跑的措施，使得一楼、二楼的师生大部分成功避险，三楼个别跑出，四楼就没有跑出的，但靠近顶层的被压埋人员容易得到营救。据此，人们总结出“（对于楼层数只有四五层的）一楼、二楼往外跑，三楼以上向顶层跑”的说法。据分析，2008 年汶川地震中，多数房屋是砖混或钢混结构，比唐山地震时的建筑抗震性能好，延长了垮塌时间，从地震初动到房屋垮塌时间大概在 1 ～ 2 分钟，增加了逃生时间，师生们才得以逃生。这种做法适用于房屋抗震性能欠佳，地震时可能倒塌，疏散外逃通道畅通，人员能够快速有序地撤离到安全地带的情况。但是，震时避险过程中，切不可盲目外逃，更不可跳楼。

上述几种震时避险的做法，都是根据历次震例经验总结出来的，能否成功都有一定的先决条件。我们在采用这些做法的时候，一定要根据所在地区的地震背景和所处房屋的抗震性能，分析判断房屋可能出现的破坏情况，并且根据个人的身体状况和居所环境条件，合理选择。

（二）震时避险的具体方法

当地震来临，志愿者们该如何应对？怎样的避震方法会赢得最大的生存概率？答案是不同的场合要采取与之相对应的避震方法。

1. 道路上避震

志愿者如果在路上行走时遇到地震，应立即蹲下或趴下以降低重心，以免摔倒。保持镇静，不要乱跑，用随身物品护住自己的头部。尽快避开以下危险环境：

（1）避开容易倒塌的高大建筑物，如楼房。特别是有玻璃幕墙和大型广告牌的建筑（这些玻璃幕墙极其容易在地震中散落下来造成人员伤亡），以及过街天桥、立交桥、高烟囱、水塔等。

（2）避开危险物、高耸或悬挂物，如变压器、电线杆、路灯、霓虹灯架、吊车等。

（3）避开其他危险场所，如危旧房屋、危墙、女儿墙、高门脸、雨篷下。

（4）避开砖瓦、木料等物的堆放处或者是狭窄的街道等。

远离高大危旧的建筑物

主震过后，迅速躲避到开阔的公园、球场等场所，或撤离到离自己较近的应急避难场所，千万不要随便返回室内，因为余震随时都有可能发生。

2．野外避震

如果是在野外遇到地震该怎么办？志愿者应根据自己所处的方位和处境，避开危险环境。具体方法如下：

（1）迅速离开山脚、陡崖，以防山崩、滚石、滑坡。

（2）尽快离开水坝、堤坝，以防垮坝；离开河、湖岸，以防河岸、湖岸坍塌，谨防上游堤坝决口发生水灾；离开桥面或桥下，以防桥梁坍塌或遭遇洪水。

（3）迅速远离海边，以防地震海啸。

（4）遇到山崩、滑坡，要向垂直于滚石、滑坡前进的方向跑，切不可顺着滚石、滑坡方向往山下跑；对于山崩，也可以躲在结实的障碍物下，特别是要保护好头部。

（5）遇到江河湖海涨水，要向高处跑。

（6）驾车行驶时，应迅速躲开立交桥、陡崖、电线杆等，并尽快选择空旷处立即停车。

（7）遇到化工厂着火、毒气泄漏时，应用湿毛巾捂住口、鼻，尽快绕到工厂的上风方向去，不要顺着风跑。地震过后，不要停留在野外。

遇到有害气体要朝逆风的方向跑

3．公共场所避震

当地震发生时，如果志愿者正在车站、码头、机场、展览馆、体育馆等人员密集的公共场所，除了离门、窗较近的可以迅速跑出室外，其他人员宜采用就近避震法：

（1）蹲在立柱旁边、内承重墙的墙根、墙角，三角安全区内。

（2）趴在排椅下。

（3）蹲在结实的柜台、牢固的商品、运动器具旁边。

（4）避开玻璃门窗、橱窗和商品陈列柜。

（5）避开吊灯、电扇等悬挂物。

（6）避开高大不稳或摆放易碎品的货架。

要注意用背包等物品或用双手保护头部。不要一起拥向楼梯、出口，避免拥挤，踩踏伤亡。等地震过去后，听从指挥，有组织地撤离。

当地震发生时，如果志愿者正在乘坐公共汽车，要注意：

在乘车时遇到地震要抓牢座椅

（1）一定要用手抓牢扶手、竖杆，低头，以免摔倒或碰伤。

（2）在座位上的人，要将胳膊靠在前座的椅背上，护住面部，或者躲在座位附近。

（3）等车停稳，地震过后再下车，下车后要观察周围环境，以防止高空坠物。

如果志愿者正在火车途中，需做到：

（1）应用手牢牢抓住桌子、卧铺床、扶杆等，并注意防止行李从架上掉下伤人。

（2）坐着面朝行车方向的人，身体倾向通道，两手护住头部。

（3）背朝行车方向的人，要两手护住后脑部，并抬膝护腹，紧缩身体，做好防御姿势。

4．家庭避震

如果发生地震时志愿者在家中，关键是保持头脑的冷静，及时采取避震措施。如果正在用电、用火，要及时关闭总电源开关和燃气阀门，以免地震把电线线路震断和燃气管道震裂而引起火灾和煤气泄漏。

如果房屋抗震性能不太好的话，可采取以下办法：

（1）如果是在平房，房外开阔，无危险坠落物掉落，可迅速跑到房外，来不及跑时可就近避震，躲避到床、桌子等比较坚固的家具旁边。

（2）在一、二层居住的志愿者，如果楼外开阔，无危险坠落物掉落，可迅速跑到楼外空旷的地方，来不及时可就近避震。在其他楼层，可选择厨房、卫生间等开间小的地方躲避。也可以躲在内墙角、墙根、暖气、坚固的家具旁边等易于形成三角空间的地方，不要躲在窗口、阳台等容易坍塌的地方。

（3）顶层及下一层的可向楼顶跑动。

同时，避震一定要注意的是：

（1）千万不能滞留在床上或者站在房间中央，因为这些都是身体最暴露、最不安全的地方。

（2）不要马上到阳台上去求救，不要到外墙边或者是窗户边。

（3）不要去乘电梯，更不要去跳楼。

（4）不要使用明火，因为空气中可能会有可燃气体。

（5）千万不要试图离开房间，因为在房间晃动的时候，门窗已经变形，无法打开。在能够确保自身安全的时候，试着把门或者窗子打开一点，以利于主震后及时撤离。

（6）震后不要再返回或进入室内，因为主震过后还会有大量余震，余震的破坏和影响会给人们带来更大的伤害。

（7）遇到火灾、燃气或毒气泄漏时，要趴在地上，用湿毛巾捂住口、鼻，匍匐前行，逆风前进，向安全的地方转移。

（8）地震发生时，如果刚好在使用煤气，应立即关闭，否则无异于在为自己制造自杀炸弹。

地震发生时，四个不要做的示意图

5．学校避震

近年来，越来越多的高校成立了志愿者组织。作为一名当代大学生，尽己所能，帮助他人，服务社会，践行志愿精神，是实现自我价值的一种有效方法。那么，学校作为人员高度集中的特殊场所，大学生志愿者如何在地震来临时有效保护自己，然后救助他人呢？

如果校舍是新建建筑物，符合《建筑工程抗震设防分类标准》（GB 50223—2008）的要求，或者校舍是旧有建筑物，但按标准的要求经抗震鉴定合格的或者经抗震加固的，按就近躲避法避险。应远离门窗和阳台，可就近躲到书桌下（旁），采取蹲下姿势，用双臂或坐垫等物保护好头部，也可躲避在内承重墙的墙根、墙角等部位。

如果校舍未经过抗震鉴定，或抗震性能不太好的话，则按外跑与就近躲避相结合的原则进行避险。

在教室（实验室、图书馆）内：如果教室（实验室、图书馆）是在一楼、二楼，房外开阔，无危险坠落物掉落，可迅速跑到室外。如果教室（实验室、图书馆）在三楼、四楼或更高楼层，只能就近躲避。可以躲避在书桌、实验台下（旁），也可躲避在内承重墙的墙根、墙角。

在学校应急避震

在礼堂、食堂、体育馆、健身房内，可迅速跑到室外。来不及跑出时，应躲在立柱旁边，内承重墙的墙根、墙角，或者坚固的排椅、桌椅、运动器具旁边。

在宿舍内：如果宿舍是平房或在一楼、二楼，可迅速跑到室外；如果是在三楼、四楼或更高楼层，则就近躲避。躲避的位置是：小开间内，内承重墙的墙根、墙角或床边。

在操场或室外时，可原地不动蹲下，双手保护头部，注意避开高大建筑物或危险物。不要回到教室去。

地震发生时，切不可慌乱拥挤，避免踩踏伤亡；应远离门窗和阳台，不能使用电梯;在实验室里应第一时间关闭火源、电源、气源，处理好易燃、易爆、易起化学反应的物品，避免产生次生灾害。

特别提醒的是，在避震时一定要沉着冷静，切勿慌张。即使没有老师指挥，也要有组织、有秩序地避险。

小贴士 **地震时为什么不能盲目外逃?**

在我国发生的很多地震中，都曾发生由于盲目外逃造成伤亡的情况。主要有四种情况：

（1）外逃过程中伤亡。例如，1970 年 1 月 5 日，云南通海发生 7.7 级地震，大部分死者都在屋门附近。这表明震时正在外逃，来不及逃出被砸。1979 年 7 月 9 日，江苏溧阳发生 6.0 级地震，在震中的溧阳，有 80% 的重伤员和 90% 的死亡者是恐惧慌乱、盲目外逃而被屋外倒塌的檐墙和门头砸压导致的。2005 年江西九江、瑞昌 5.7 级地震，13 名遇难者中，除 2 人是突发疾病死亡外，没有一个人是直接被倒塌房屋压死的，绝大多数是地震发生时跑出房屋，被掉落的女儿墙、屋瓦、砖块等砸死的。其中，瑞昌市一位母亲在地震发生后抱着幼子从楼上跳下，结果被飞落的砖石砸死。

（2）跳楼伤亡。例如，1979 年 7 月 9 日，江苏溧阳 6.0 级地震，距震中 85 千米的镇江市，发生跳楼情况，造成 12 人重伤；距震中 75 千米的马鞍山市，发生跳楼情况，7 人重伤，1 人当场死亡。1984 年南黄海 6.2 级地震，南通、上海、南京、扬州、无锡、镇江等大中城市出现了 500 多人跳楼避险，由此受伤者达 263 人，其中重伤 54 人。

（3）惊慌、紧张引起的伤亡。例如，1984 年南黄海 6.2 级地震，有 1 名患有高血压的妇女因惊慌外逃摔倒死亡，4 名心脏血管病人因过分紧张而猝死。

（4）人口密集场所惊慌拥挤引起踩死踩伤。例如，1985 年四川自贡 4.8

级地震，直接死亡仅1人，由于盲目避险引起的挤、摔死亡4人，伤200多人。1994年台湾海峡发生7.3级地震，我国大陆沿海地区有800人受伤，4人死亡，其中伤亡者大多是中小学生。他们并不是因为房屋倒塌而伤亡，大多是因为临震惊慌，老师没有行使职责或没有避险知识，致使学生乱跑乱挤，无序蜂拥，奔逃中互相挤压、踩踏而造成悲剧。2005年江西九江5.7级地震，与江西省相隔不远的湖北阳新、洪湖、蕲春三地学生在撤离过程中，相继发生踩踏事件，共造成72人受伤，有7人重伤，其中距震中70千米的阳新县浮屠镇中学就有47名学生受伤。

上述例子提醒我们，地震时，一定不能惊慌、盲目外逃，必须因地制宜，选择避险方法，或躲，或逃，相机行事。特别是在公共场所时，要听从指挥，镇静避险，避免拥挤、踩踏伤亡。

第二节　震后应急自救要领

地震发生后，有时候还没有来得及逃脱，就被倒塌的各类建筑物压埋，动弹不得；可能与自己的家人失去联系，处于孤立无援境地。由于道路受到严重损毁，救援队伍不能立刻赶到现场。主震过后，一般都会有一系列的余震发生，所以，一定要克服心理障碍，坚定求生的信心，尽量改善自己所处的环境，设法自救。

一、扩大活动空间

首先，可以尝试着把手和脚从压埋物中抽出来，挪开压在脸上、胸前的碎砖烂瓦等杂物。一定要注意用湿毛巾、衣物等捂住口、鼻，避免灰尘呛闷导致窒息及有害气体中毒等意外事故发生。

接下来，要弄清楚自己所处的环境，如果看不清，可以用手四处摸索，或许摸到了压在头顶的桌子、水泥板，摸到了身子旁边的细碎的瓦砾，一定要搬开身边可以搬动的碎砖瓦等杂物，扩大活动空间。设法用砖石、木棍等支撑，加固周围的断壁残垣，以防余震发生时再次被压埋在废墟下。应设法避开身体上方不结实的倒塌物、悬挂物等，以免受到伤害。如果身边的杂物被其他重物压住而无法挪开，千万别勉强挪移，防止进一步倒塌。

加固生存空间，预防余震发生

最后，应该仔细观察周围有没有通道或者亮光，分析判断自己所处的位置，从哪个方向可以开辟通道，逃离出去。如果有几个志愿者同时被压埋，一定要相互鼓励，相互配合，必要时，采取适当的脱险行动。

唐山地震时，一名在马家沟矿工作的工人曾回忆说："地震后我全身被废墟掩埋，开始因为不知自己的压埋情况，不敢盲目乱动，怕越动压得越实。我想众多的人都被埋着等待扒救，短时间可能不会有人来救我，在有条件的情况下，还是应主动自救，起码要保护自己，不要只是等待。我开始小心地活动肩膀，抽出手臂，上肢可以活动了，我觉得没什么危险，胆子也大点了，试着将周围的石块向四周空隙推移，扩大了我的生存空间，呼吸也畅通多了，为延长生命创造了条件。待听到来人时，我就呼喊。由于开始没消耗太大的体力，喊声也较大，叫来了两个人，他们立即搬开废墟，我在下面积极配合，把石块向外传递，我的下肢逐渐可以活动了，终于从缝隙中爬出了废墟。”

二、尽量保持体力

如果震后暂时不能脱险，应尽量减少活动量，保存体力。不要大声哭喊，不要勉强行动，尽可能控制自己的情绪。要尽量延长自己的生命，因为多坚持一下，就有可能多一份生存机会。要尽量寻找食物和水，如果一时没有饮用水时，可用尿液解渴。如果受伤，要尽快想办法止血，避免流血过多。

汶川特大地震中，崇州市怀远镇中学李克诚老师，在被废墟掩埋 108 小时后被武警官兵成功救出。据李老师描述，当初在学校校舍倒塌之初他昏迷了一段时间，后来他清醒过来并试图活动，但周围水泥块让他的身体无法动弹，更没办法逃脱。他明白这个时候只能创造条件，维持生命，等待救援人员的到来。他用手四处摸索着，试图找到一些可用之物。忽然，他摸到了一个空饮料瓶，还有学生的课本。口渴了他就用饮料瓶接自己的尿液喝；肚子饿了，他就把本子嚼碎一起吞进肚子里。在窄小的空间里，他的身体平躺，腿脚提起，这种姿态一直坚持了 4 天多，直至获救。

李克诚老师能够成功获救，除了营救人员的努力外，他本人的自救措施也是最重要的因素之一。他用尿液、纸这些我们从未想过的“食物”来维持生命，看起来是天方夜谭，但确实起到了一定的自救作用。专家指出，尿液的成分中 90% 以上是水分，而蛋白质、氨基酸、微量元素、尿激酶等物质含量极低。虽然喝尿对人体是没有好处的，但在无法获得水源的情况下，通过喝尿，在一定程度上能够保持人体内血容量，延缓脱水症状出现的时间，保持体内电解质的一个相对平衡。而通过吃这些“食物”，可以降低对胃黏膜的伤害，经过咀嚼也可以缓解饥饿状态，有利于维持生命。

三、延续生存时间

科学统计数据显示，人类个体生命能够坚持的时间为：没有氧气坚持 5

分钟～7 分钟；没有水坚持 5 天～7 天；没有食物坚持 15 天至 1 个月。但是，人被压埋在废墟中时，身体的抵抗力会明显下降，同时，由于被压埋一般都会受到外伤，身体出现创口，一些厌氧细菌，如破伤风、气性坏疽等病菌就会乘虚而入，这些病菌往往会在三天后发作，造成创口感染，极易致人死亡。此外，还有一个因素，那就是在地震中，由于人体往往会受到不同程度的挤压，肢体、臀部等肌肉丰满的地方容易出现组织坏死，导致“挤压综合征”，严重威胁生命。因此，国际上通常将 72 小时作为灾害中被压埋人员生命的临界点。世界卫生组织（WHO）的专家曾指出：72 小时后，救出来的要么是尸体，要么就是奇迹。

但是，每一次地震都有奇迹发生，当然这都需要具备创造奇迹的条件，甚至是我们看来微不足道的一点条件。在创造奇迹的条件中，排在前三位的是氧气、水和食物。

首先，通风最重要。人呼吸离不开氧气，在地下能存活超过 72 小时的人，一定是有通风的空间。汶川大地震中，在 79 小时后被救出的北川商人雷小海在水泥柱和楼板之间找到了一条缝隙，并用手指一点点抠掉砖头，让空气透进来。

其次，一点点水和食物也是生命之源。2001 年印度古吉拉特邦发生大地震的第 11 天，一对兄妹被救。原来他们在地震中被埋在了自家厨房附近，找到了一些饼干和水，甚至香烟、纸都成了维持生命的“食物”。

最后，懂得自救、保存体力和树立信心也是创造奇迹的重要条件。在地震中受伤，等待救援是需要一定时间的。如果还能动，可以先找身边的布给创口止血；如果出现骨折，用腰带、衬衣等进行简单固定；要保持足够的信心，相信一定能够得救。

四、设法与外界联系

在地震中，如果被压埋而又无法自行脱险时，一定要设法与外界联系。仔细听听周围有没有人来回走动，当听到有声音时，要尽量用砖、铁管等物敲击墙壁或管道（如有哨子可以吹哨子），以发出求救信号。如果与外界联系不上，另寻找其他脱险捷径。从救助的过程看，压埋较深的人，呼喊不起作用，用敲击的方法，声音可以传到外面，这也是压埋人员示意位置的一种方法。

唐山地震时，一名女职工家住西山路楼房。27日晚，因感到天气闷热，睡得很晚。她被剧烈的震动惊醒后，只见外面一片雪亮，墙已裂开，在亮光的照映下，参差不齐的砖缝一开一合，房屋摇摇欲坠，十分可怕。在意识到这是地震后，她顺势向床下滚。这时楼倒屋塌，楼板掉下，她被压在里面，呈半跪半趴的姿势，趴在床边，不能活动。她用手乱摸，发现屋顶紧挨着头，四周全是砖，衣服还在床上，但床已经被砸穿。时间一分分地过去，她的呼吸越来越急促，为了给自己创造生存的条件，便用手一块一块地从断壁上抽砖，当空气和光线从抽下的一块砖产生的缝隙处进入时，给她带来了生的希望。当听到外面有人时，她拿东西敲打，人们听到敲击声，顺声挖了约两米深，终于把她救了出来。

敲击物品，传递求救信号

五、避免新的伤害

2008 年 5 月 12 日，汶川发生 8.0 级特大地震，灾区人民的生命财产安全遭受了重大损失。全国人民顿时把关注的目光投向了地震灾区，中央人民广播电台、中央电视台中断了正常节目编排，24 小时不间断播出抗震救灾实况。在各种电视画面中，我们常常看到这样的情景，从废墟中抬出来的幸存者大多数被蒙上了眼睛，这是为什么呢？因为被压埋时，眼睛一直处于黑暗当中，时间长了，眼睛适应了黑暗，突然到光线很强的地方眼睛会适应不了，如果不加以保护，视力会受到损害，甚至导致失明。

获救后同样需要注意的还有饮食和情绪。在地震废墟下获救的人们都或长或短、不同程度地经历了饥渴难忍的状况，获救后最想做的第一件事情是进食与喝水。但是，这个时候千万不能立即大吃大喝，因为长时间没有进食，导致肠胃功能下降，如果一下子补充大量食物，轻则肠胃受到伤害，重则导致“撑死”。科学的做法是按照医生的建议，逐步恢复正常饮食。

埋于废墟下的人们，经历了悲伤痛苦、无助绝望，获救后情绪往往波动比较大，要注意自我克制，避免因过于激动而使精神受到刺激，损害健康。

小贴士 **如何做好居家防震准备？**

在地震危险区、多震区、已发布地震预报地区的居民，根据政府或有关部门的防震要求，制定家庭地震预案，做好居家防震准备。

（1）检查和加固住房。看一看自家住房是怎样的，看有没有不利抗震的地方。摸清周围环境的情况，住房的建造质量好不好，是否年久失修。不利抗震的房屋要加固，不宜加固的危房要撤离。女儿墙、高门脸等笨重的装饰物品应拆掉。

（2）合理放置家具、物品。把墙上的悬挂物取下来或者固定住，防止掉下来伤人。清理杂物，让门口、楼道通畅。把易燃易爆和有毒物品放在安全的地方。固定高大家具，防止倾倒砸人；家具摆放要有利于形成三角空间以便震时藏身避险；物品摆放做到“重在下，轻在上”。阳台护墙要清理，花盆杂物拿下来。把牢固的家具下面腾空，以备震时藏身。睡床要摆放在坚固、承重的内墙根，床上方不要悬挂吊灯、镜框等重物，最好给床安一个抗震架。

（3）准备好必要的防震物品。准备一个家庭防震包，放置些必要的饮用水、食品、衣物，震后特殊生活环境下必备的应急灯、手电筒和绷带、酒精等急救医药品，必要的身份证件等重要物品，放在便于取到处。

（4）制定家庭地震应急预案。根据室内结构空间的位置和大小，划分室内避震空间，分配家庭成员的避震地点。开展家庭防震演练，安排一人照顾老人和孩子，分配专人检查燃气阀门是否关闭、大门等逃生通道是否打开等。到达避震地点后，要注意自己及家人的避震姿势是否正确。要及时总结经验，不断完善家庭应急预案。练习“一分钟紧急避险”，进行紧急撤离与疏散演练。

第三节　应对次生灾害

由地震造成房屋、工程结构破坏而进一步引起的灾害称为次生灾害。例如，地震时，由于房屋倒塌破坏，使火炉翻倒、燃气泄漏、电器短路引发火灾；由于地震造成垮塌或堰塞湖决口引起水灾；地震还会引发海啸、核泄漏、有毒有害气体扩散、爆炸、瘟疫等。随着社会经济的快速发展和人口、财富的高度集中，这些灾害呈加剧趋势。志愿者学会应对地震次生灾害的方法，将会大大减少地震次生灾害造成的损失。

一、应对火灾、水灾

比起地震本身，震后的次生灾害显得尤为可怕。一旦震后发生火灾，千万不要乱跑，更不要到拥挤的地方去；要趴在地上，用湿毛巾捂住口、鼻，以免吸入大量的浓烟和有毒气体，一时找不到湿毛巾的，可以用浸湿的衣物等代替；地震停止后，应立即向安全地方转移。如果火势较大，温度过高，可用水浇湿衣物等隔热，寻机匍匐逃离火场；注意要匍匐前行，朝与火势趋向相反的方向逃生。

朝与火势相反的方向逃生

万一身上着火了，可就地打滚压灭身上的火苗，如果身边有火，可用水浇灭或者跳入水中扑灭火苗。

地震带来的强烈震动，可能会引起水库大坝的垮塌、决堤，迅速冲出去的大水也会带给我们巨大的灾难。一旦发生水灾，应立即向山坡、高地、楼顶等高处转移；如果已经被大水包围，也不必惊慌失措，可爬上高墙、大树等暂时避险，等待救援。要记住，不要攀爬电线杆、铁塔，不可触摸或接近电线，防止触电。千万不要爬到泥坯房的屋顶，以免受到进一步伤害。

如果附近没有山坡、高地或者楼房等可以躲避，或者暂时避险的地方，已经难以自保，要尽可能地利用船只、木板等可漂浮物体，做水上转移。千万不可选择游泳逃生。一旦被洪水包围，要想方设法与当地政府防汛部门取得联系，一时没有通信工具时，可制造烟火、用镜子反光、挥动颜色鲜艳的衣物，向外界发出求救信号，或在听到外面有人时，积极地寻求救援。如果被卷入洪水中，一定要尽可能地抓住固定物或者木板、树干等可以漂浮的东西，然后寻找机会逃生。如果时间允许的话，在离开房屋漂浮之前，要把燃气阀、电源总开关关掉，吃些热量多的食物，如巧克力、糖、甜糕点等，并喝些热饮料，以增强体力，等待救援。同时，也可以寻找手电筒、哨子或鲜艳的衣物等进行求救。一定要注意的是，地震过后，要远离河道。因为即使是那些长期干涸的河道，在震后也有可能被洪水填满。所以，不要在那些地方四处活动。一旦遇上洪水，千万不能顺河道向上或向下跑动，应向河道两边较高的地方躲避。

抓住树干或可以漂浮的东西

二、应对崩塌、滑坡、泥石流

地震发生在靠近山区的地方，极易引起崩塌、滑坡、泥石流等次生灾害。如果遇到崩塌、滑坡时，不要顺着滚石滚落的方向逃跑，而要向山体两侧跑。如果来不及逃离危险地带，也可以躲在结实牢固的障碍物旁，要特别注意保护好头部。

如果遇到泥石流，要立刻向与泥石流垂直方向的两边山坡高处爬，千万不要顺着沟道向上游或者下游跑，也不要爬到泥石流可能直接冲击到的山坡上。万一来不及跑的话，可抱住树木。

如果在居民点，应迅速离开泥石流沟两侧和低洼地带，撤离到安全地点。无论何时何地，躲避要迅速。千万不要留恋财物，时间就是生命。

遇到泥石流，要往滚石的两边跑

三、应对海啸

2011 年 3 月 11 日，日本近海发生的 9.0 级特大地震，引发巨大海啸，造成大量的人员伤亡和财产损失，让全世界震惊。那么，如何应对海啸呢？特别是沿海一带的志愿者，更应该值得注意，因为伴随地震的发生，极易引发海啸。

发生地震时，如果你在海边，一定要意识到可能会引发海啸。地震引发的海啸登陆之前，会有一些明显的宏观前兆，在海边生活的志愿者只要稍加注意，就可以发现。常见的海啸登陆宏观前兆有四种：一是海水异常暴退或暴涨；二是离海岸不远的浅海区，海面突然变成白色，其前方出现一道长长的明亮水墙；三是位于浅海区的船只突然剧烈地上下颠簸；四是突然从海上传来异常的巨大响声，在夜间尤为令人警觉。其他现象还有大批鱼虾等海生物在浅滩出现，海水冒泡并突然开始快速倒退等。

由于从地震发生到海啸来到陆地还有一段时间，一定要充分地利用这一段时间迅速离开海边，立即前往高处躲避，通过电视、广播等媒体密切关注事件的进展。当听到政府发布海啸警报后，应立即切断电源，关闭燃气。

遇到地震时，要迅速离开海边

如果一时来不及逃离，可以紧紧抓住近处比较牢固的东西，深吸一口气，屏住呼吸。如果被卷入海水里，一定想办法抓住漂浮物，尽可能地使头部浮出海面，不要挣扎，保持漂浮状态，保存体力，等待救援。尽可能向岸边移动，一般来说，漂浮物多的地方离海岸较近。不要喝海水。向其他落水者靠拢，可以抱在一起，减少身体的热量散发，也可相互鼓励，稳定情绪，尽力使自己易于被救援者发现。

海水退后，不要因好奇奔向海边。在海啸警报解除之前，人员须一直停留在安全避险区内。

四、应对有毒有害气体、核泄漏

强烈的地震会对工厂的各种设备造成一定程度的损坏，使存放有毒有害气体的容器破裂，从而引发有毒有害气体泄漏，或是地震引起的大火引燃化工原料后释放出有毒有害气体，从而危及人身安全。

遇到有毒有害气体泄漏，不要顺着风向跑，而应该迅速用湿毛巾捂住口、鼻，绕到毒气的上风方向。如果地震造成所在屋内燃气的泄漏，一定要关闭燃气总阀门，开窗通气，禁止使用明火或开启一切电器和灯具，谨防发生爆炸。

2011 年 3 月 11 日的日本 9.0 级特大地震，不但引起了海啸，还造成了日本福岛核电站的 1 ～ 4 号机组由于爆炸而发生核泄漏，导致放射性物质扩散到全球，一时间让人们谈核色变。如何应对核泄漏呢？

一旦发生核泄漏，公众第一时间要做的是通过电视、广播、网络等渠道，获取尽可能多的信息，并了解政府发布的有关信息，切不可轻信谣言或小道消息。第二件事是按照当地政府的通知，迅速采取必要的自我防护措施。如：

（1）就近寻找建筑物进行隐蔽，关闭门窗和通风设备（包括空调、风扇），以减少直接的外照射和污染空气的吸入。当污染的空气过去后，迅速打开门窗和通风装置。

（2）根据当地政府的安排，有组织、有秩序地撤离现场，尽可能地缩短被照射时间。如果有风，应尽量往风向的垂直方向撤离。

（3）用湿毛巾、布块等捂住口、鼻，防止污染空气进入呼吸道。

（4）如果被暴露在辐射范围内，应立即更换干净的衣服，并将受污染的衣服、鞋帽等脱下存放到密封的袋子里。用香皂和凉水冲洗可能受到辐射污染的皮肤，凉水能使毛孔收缩，阻止辐射影响；而热水会使毛孔扩张，导致污染进入身体。

（5）注意食品安全，如未经政府卫生部门认可，请不要食用来自污染区的牛奶、蔬菜，也不要听信谣言而盲目服用药物及补充特定元素，那样可能给自己带来新的伤害。

（6）遭受辐射污染后，须留意发现症状。如果身体出现恶心、没有食欲、皮肤出现红斑或腹泻等症状，必须立刻就医。

日常生活中食用海带、紫菜等含碘量高的食品，饮用红酒，可有效提高机体抗氧化能力，但不可过量。

科学饮食

五、应对瘟疫、传染病

大地震发生后，由于大量房屋倒塌，下水道堵塞，造成垃圾遍地，污水流溢，再加上畜禽尸体腐烂突变，菌源产生，极易引发一些传染病并迅速蔓延。历史上就有“大灾之后有大疫”的说法。因此，震后要积极做好瘟疫、传染病的应对与预防工作。

强震过后，生活环境改变，很容易造成传染病的蔓延

注意饮食安全。大地震过后饮用水水源可能因垃圾、尸体、化学毒物等受到污染；自来水系统遭到破坏，供水中断。在救援物资来临之前，灾区的生活用水成为最重要、也是最紧迫的事。为防止病从口入，一定要饮用瓶装水、开水或者经过消毒的水，不要使用被污染的水刷牙、洗菜、洗碗。以灾区水源作为饮用水时，应沉淀净化消毒后，煮沸饮用，确保安全。

尽量食用煮熟的食物，不吃死亡的家禽、腐烂变质的食物、被污染浸泡过的食品等，严重发霉的农作物，如大米、小麦、玉米、花生和不能辨认的蘑菇等菌类都不能食用。

加强个人卫生。合理安排好作息和饮食，生活一定要有规律并且有充分的睡眠。谨记饭前便后要洗手。要根据气候的变化，随时增减衣服，注意防寒保暖，预防气管炎、流行性感冒等呼吸性传染病。特别是夏季，应当多吃一些蔬菜水果，补充体内因大量出汗而损失的盐分，一定谨防中暑。

露营时应避免蚊虫叮咬，预防传染疾病。按时接种疫苗或服用药物，增强身体免疫力。如果皮肤破损有伤口，应及时消毒包扎，不可使其与土壤直接接触，以免引起破伤风和经土壤传播的疾病。坚持散步、慢跑、做操等体育锻炼，增强体质。

做好环境卫生。及时清理家中的卫生死角，疏通下水道，喷洒消毒杀虫药水，消除蚊虫滋生地，降低蚊虫密度。到固定地点堆放垃圾，及时消除污物，对环境消毒。注意防蚊灭蝇，切断传染病的传播途径。

做好环境卫生

如果自己染上传染病，或者发现他人有类似症状，要及时与医疗队联系。如果确诊，应按照医生的处理意见，接受规范的隔离治疗。在身体恢复健康之前，不密切接触其他人。

小贴士　震后灾区的卫生防疫工作有哪些?

地震发生后，在做好人员救护和生活安置的同时，还需要及时地开展灾区卫生防疫工作。灾区卫生防疫工作主要有以下内容：

（1）尸体清理、消毒与除臭。对散在废墟中的人畜尸体进行清理，通过喷洒高浓度漂白粉、三合一乳剂或除臭剂等对尸体和废墟进行消毒、除臭。采用焚烧或者在远离城镇和水源地深埋 1.5 ~ 2.0 米的方法处理清出的尸体。

（2）大力杀灭蚊蝇。对居民点、坍塌的建筑物、厕所、粪堆、污水坑、垃圾堆以及挖掘、停放尸体的现场，通过飞机喷药、地面喷药和烟剂熏杀等方法杀灭蚊蝇。

（3）检验水质，进行饮用水消毒。对集中饮用水源进行快速的安全卫生检测。采用明矾、硫酸铝、硫酸铁或聚合氯化铝对浑水进行沉淀滤清，或者用漂白粉精等氯素制剂进行水质消毒。在条件允许时，采用清洁饮水装置和设备供水，以保证饮水安全。

（4）搞好环境卫生。设置临时厕所、垃圾堆集点；做好粪便、垃圾的消毒、清运等卫生管理。

（5）集中治疗疾患，防止疾病流行。对已患传染病的人给予及时治疗、隔离，控制传染源。根据季节特点，选择接种疫苗等。

第六章　地震应急救援

灾情就是命令。地震灾害发生后，救人是第一位的。但是地震灾害现场是残酷的，到处充满危险，作为地震灾害救援的志愿者，仅仅拥有营救生命的愿望是不够的，还必须学习掌握地震应急救援的专业基础知识，做到理性救援、科学施救，否则就有可能会在救援过程中对自身和幸存者造成二次伤害。

2010 年玉树地震中，志愿者们在帮助受灾群众清理废墟

第一节　地震救援的理念

理念来源于实践。地震灾害救援志愿者的救援理念，来源于汶川地震的救援实践，并在玉树地震、芦山地震、鲁甸地震中不断完善。理念支配行动。志愿者在平时的训练和参加地震灾害救援中，必须用先进的、成熟的救援理念指导自己的救援行动，提高救援的实效。

一、首先保护自己

地震灾害发生后，灾区情况非常复杂。面对频繁发生的余震，以及滑坡、泥石流等次生灾害，不管你是处在运送伤员的路上，还是奋战在救人的废墟上，随时都有危险情况的发生。2013 年 4 月 22 日，志愿者汪策在向芦山地震灾区运送救灾物资时，不幸被山上滚落的巨石砸中去世，年仅 32 岁！她是千千万万个支援芦山地震灾区的普通志愿者之一，她的不幸遇难让所有人感到惋惜和悲痛。

现代社会，人的生命是第一位的。国际上通用的是"人道主义"，我国提倡"以人为本"。所有人的生命都很重要，志愿者在参与地震救援时，"只有保护好自己，才能救助别人"，或者说"要想救援别人，先要保护好自己"，这样的理念增加了救援的安全性，提高了救援的成功率。保护好自己是救助别人的基础，志愿者参与救援，会让灾民增加勇气，看到被救的希望，有效地保护自己也是为了更多、更快地营救幸存者。这个理念应当成为每个志愿者救援的重要理念和行动指南，是完成救援任务理性的、科学的思路和重要保障。

保护好自己，志愿者要千方百计提高自己的救援技术水平和能力。平时要积极参加政府有关部门和志愿者组织举办的培训和应急救援演练，掌握必要的地震灾害应急救援知识和技能，提高战胜恐惧心理的素质，增强应急救援的体能，不断增加对危险处境的预见性，丰富救援实践经验，从而实现"抢救生命，救出活人"的宗旨。在奔赴灾区一线之前要正确认识自己，充分考虑自己的身体状况是否能够支持，是否安排好了私人或工作等事务，是否具备一定的救援知识和必要的野外生存能力，能否保证自己在灾区的健康与安全，是否做好了面对死亡场景、面对救援困难的心理准备。要在确保家庭成员安置妥当、不过分影响工作，以及身体、心理状况许可的情况下参与救援，避免因为缺乏救援技能和个人必备生活物资而成为"新灾民"，占用灾区宝贵的救灾物资。

要做好防护准备。平时要准备一个应急工具包，包括手套、安全锤、安全帽、防尘面具、常备药品、必要的口粮、地图、绳索等个人防护物品。

在去灾区实施救援计划之前，要尽可能掌握当地的灾情，震后的地质、水文、天气等各种情况，并做好相应的准备工作。到达灾区后，要主动与当地负责志愿者工作的共青团等部门联系，争取他们的支持，服从统一安排。参加救援时，充分发挥自己的长处，急灾区人民之所急，帮灾区人民之所需，不要一个人单独行动，最好是组成小队，推荐一名负责人，统一指挥，所有队员要在视线可及和呼喊可知的范围内活动，避免失去联系。

小贴士 **最美志愿者——廖智**

廖智，曾是绵竹汉旺镇的一位舞蹈老师，在2008年汶川地震中，她被埋26个小时，失去了婆婆和女儿，失去了双腿，失去了婚姻。但灾害并没有击垮她，她戴着假肢依旧舞蹈。2013年芦山地震后，她奔赴抢险救灾一线当起了志愿者，戴着假肢像正常人一样去送衣、送粮、送发电机、搭帐篷。2013年4月22日，她在微博上发了一张自己在灾区的照片，受到网友的疯狂追捧和转发，大家称她为“最美志愿者”。

二、理性开展救援

地震灾害现场不同于普通的工地，其危险性和不确定性很难把握。有来自现场环境的危险，也有来自人为的危险，还有潜在的危险，现场所有人员都处于高度紧张状态，心理活动也不断变化。因此，志愿者在参与救援行动时，千万不要盲目蛮干，一定要树立科学的、安全的、理性的救援理念。

目前，全国各地都建立了专业的地震灾害紧急救援队，这里面有工程结构、医疗卫生等方面的专家，救援队员都经过了专业的训练。志愿者参与地震灾害现场的救援，最好是在专业救援人员的指导下进行，或者加入到专业队伍救援行动中去，承担力所能及的工作。这样不仅能确保志愿者的自身安全，也能提高救援的效率，使志愿者有了用武之地。

地震发生后，志愿者如果到一线参加抗震救灾，要提前与当地团委联系，确认灾区需要志愿者的类型、时间和具体地点，然后再按要求赶赴灾区现场，避免主观臆断的单独行动。2014 年 8 月 3 日，云南昭通鲁甸地震发生后，为了能把全国各地志愿者统一起来，有序、有效进行抗震救灾，共青团云南省委 8 月 4 日发布消息，面向社会招募抗震救灾志愿者，主要进行献血、医疗护理、心理抚慰、自护教育、物资保管与分发、寻亲等服务工作，同时提出具体要求，公布报名方式，使志愿者的服务对象和工作效率最大化。如果不具备与当地团委联系的条件，在到达现场后，要到当地团委在灾区现场设立的服务处登记，接受统一调配，共享信息，受领任务。

传播公益文化 搭建公益平台 传承公益精神 推动公益发展

中国公益在线

鲁甸地震志愿者招募信息

【鲁甸地震】中国扶贫基金会云南鲁甸救援行动物资采购成都工作小组，面向社会紧急招募志愿者和志愿车辆。

志愿车辆主要用于：

1. 成都市内救援物资协调和小量采购；

2. 支持工作人员开展协调和联络工作；

志愿者要求如下：

1. 媒体记者，高校大学生，行政，财务，法务等相关领域专业；

2. 工作时间：一周

3. 工作内容：全程参与物资询价采购，物流运送，后勤协调，媒体传播等；

4. 联络地点：武侯区航空路10号宜必思

5. 联系人：

王光远：15984537514

冯小娟：18628218390

紧急呼吁：

昭通血站告急，目前存血量仅够200名伤者使用。呼吁热心市民可到昭通市中心血站采血同李（西街与陡街连接处）或是流动采血点（金鼎大酒店和望海公园各有一辆采血车）献血。昭通市中心血站联系电

公益书画院

大学圆梦

公益项目

公益记录者

网上发布的鲁甸地震志愿者招募信息

如果大地震发生在志愿者所在地，当地的志愿者队伍不能被动等待专业救援队的到来，要勇当“先遣队”，根据地震应急预案规定，迅速到达指定地点集合，分工、分片开展搜索、营救、急救等救援行动。要为随之到来的综合性或专业性救援队伍提供准确有效的信息，提高救援速度，使救援能在最短的时间内挽回更多生命。当所处建筑物及附近建筑物倒塌时，志愿者可首先进行家庭自救，就近参加邻里互救，参与和指导群众自救互救。要谨防大

震之后的余震。2010 年玉树地震中，香港志愿者黄福荣在成功逃脱后，冒险折返废墟，英勇地救出了三名孤儿和一名教师，自己却在 6.3 级的余震中被残余的楼房压倒而遇难。黄福荣舍身救人的事迹在香港和内地广为传颂，人们在感动之余，也更加痛惜这个不幸遇难的热心人。

郑州市第四十七中学志愿者举行芦山地震赈灾义务募捐活动

大地震发生后，很多志愿者都想到灾区第一线奉献爱心。但是，受到灾区特定的现场及交通限制，以及能够展开活动空间与后勤补给等因素的影响，在一定时期灾区所需要的志愿者数量是有限的，并不是人越多越好。“黄金 72 小时添砖不添堵，守望也是一种力量。”新华网曾把这段话置于首页中心位置。在灾难面前，从来都没有“第一线”“第二线”的区别，不是冲锋在“第一线”就能够有效抗震救灾，也不是说在后方默默无闻贡献自己的一份力量就不是抗震救灾。在灾难面前，没有功劳大小，只有分工不同。志愿者服务不一定要到灾情最严重的地方去，在交通不畅的情况下，志愿者可以在灾区群众集中安置地等从事后勤服务、灾民心理辅导、政策宣传等工作，也可以留在本地通过其他方式为地震灾区、为志愿者事业贡献自己的力量。比如，组织捐款捐物献血，为灾区志愿者提供资金及其他帮助，成为灾区志愿者和组织的中间联系人，反馈灾区志愿者意见和完善组织安排，也可以利用微博、微信等多种渠道帮助灾区筹集救灾物资，提供志愿服务信息，帮助寻找亲人等，通过多种途径，志愿者的爱心同样可以洒满灾区。

三、科学使用装备

翻阅唐山地震救灾史料，出现最多的救援工具是铁锹、木棒、吊车、担架，甚至是人的双手……众所周知，仅用铁锹、木棍等，无法对以钢筋水泥为主体的现代化建筑物破坏实施救援。当时大部分幸存者都是救援官兵用血淋淋的手，从废墟中挖出来的，还有不少压埋更深、压埋环境更复杂的幸存者难以抢救出来。因救援装备落后带来的苦痛，我们早有体会。面对钢筋水泥，面对现代化的建筑，必须有现代化的救援装备实施救援。

通过改进、研发和引进各种先进的技术，我们有了更加小型、更加轻便、更加实用高效的地震救援装备。小龙虾、蛇眼、医疗方舱、镁/空气电池、旋翼飞行机器人……这些曾出现在2013年芦山地震救援中的装备，听上去有些奇怪的名字，实际上是用于救援的高新科技设备，是救援人员强有力的武器，使用好这“十八般武器”，救援效果将事半功倍。

现代紧急救援具有救人急、创造空间难、救援环境险、任务重的特点，地震救援更是如此。地震救援装备是开展地震救援工作的生命线，是地震救援工作的物质基础，也是地震救援工作顺利进行的保障。科学使用装备，能有效提高地震救援的能力，避免或减少人员伤亡和财产损失。

2013年芦山地震，搜救机器人在废墟中搜索

近年来，志愿者的救援装备得到很大改善，如蓝天救援队配备了搜索、破拆、顶撑、通信、雷达、无线电设备等，“壹基金”创建的壹基金救援联盟，持有破拆、顶升、挪移、搜救等全套救援设备以及营地灯、卫星电话等救援急需的辅助工具。各地由于经济技术的发展水平和重视程度的不同，在志愿者装备的配备上有较大的差异。最关键的是，无论救援装备多么先进，如果不能根据现场的各种情况正确使用、发挥其最大的功效，其功能也会大打折扣，甚至严重影响救援的效果。

要做到科学使用装备，首先要熟练掌握各种装备的功能和操作程序。通过举办培训班和应急演练，确保熟练使用，能够排除常见故障，在特殊情况下仍能高效发挥其功能，提高救援效率，争取救援时间，增加被救人员的存活率。其次要做好维护。志愿者个人装备由个人保管，定期维护和更换。

四、医疗贯穿始终

地震灾害发生后，震区的卫生医疗设备和医疗用房都会遭到破坏，幸存者有可能因为得不到及时、正确的救治而伤亡，遇难者尸体还可能引发瘟疫。因此，医疗救助是保护生命的重中之重，是现代紧急救援的一大特征，是紧急救援工作的重要环节，医疗必须贯穿整个紧急救援的始终。

医疗贯穿始终，从更深的层面分析，这个理念有以下几个方面的内涵：

（1）志愿者队伍必须配备专业医护人员。地震灾害紧急救援队伍与一般的抢险队伍不同，如消防队伍的主要任务是灭火和救人，救出来的人直接送到医院即可。但是，地震灾害紧急救援医疗条件不同，大地震后附近的医疗设施被破坏，不可能就近送医。志愿者救援队抢救出伤员后，第一时间要对受害人，特别是对危重的受害人进行现场医疗，迅速稳定伤情，对症施救，减少伤情恶化，尽可能保住生命，然后才向有医疗条件的地方转移，确保幸存者从搜救出来，到送至临时医疗点的生命安全。因此，志愿者队伍在招募志愿者时，必须招募各种医疗专业的志愿者，并由他们对所有志愿者进行医护知识的培训，使参与救援的志愿者具备必要的现场急救能力。志愿者救援队要配备基本的医务救护器材，指定专人负责保管，定期更换。根据汶川、玉树、芦山地震救援医疗的特点，一般情况下，营救成功需要一定的时间，而幸存者往往已经在废墟下压埋较长时间，因此在营救过程中采取医疗支持手段，在第一时间对受伤人员进行必要的现场医疗，是救人的需要，先救人再医疗，既救人又医疗，这两者的完整结合构成紧急救援医疗理念的精髓，才能达到最大限度拯救生命、减少伤残的目标。

（2）及时对被救幸存者实施医疗救助。志愿者队伍中的医疗救护人员，要协同搜救人员救治幸存者，如果没有专业的医疗人员，搜救人员则要兼做医疗救助工作，保障幸存者从被搜救出来到被送至医疗站、点或车上的全过程中的生命安全。根据汶川、玉树、芦山等地震现场的医疗救护经验，地震灾害现场的医疗救护有其自身的特殊性，例如，骨折、头颅伤、挤压伤和挤压综合征、完全饥饿、心理救援等。其中，挤压伤、挤压综合征是常见的地震伤。特别是挤压伤坏死组织释放的大量有害物质进入体内，可并发休克或胃功能衰竭，严重的患者可能导致心搏骤停而猝死。因此，当幸存者从被压埋的废墟里被营救出来时，首先要对其肢体进行止血处理，有效地预防挤压综合征导致的死亡。在实施医疗救护的同时，要不间断地开展心理安抚工作，以保证救援的成功率。对伤情较重的幸存者，要尽力保证存活，坚持到达急救医疗地点，为下一步的抢救争取时间创造条件。其次，搬运抢救出来的伤员也是志愿者的重要任务之一。据统计，在骨折伤里脊柱骨折占四分之一，这是地震特有伤，占截肢及截瘫者的 30% ～ 40%，其中相当数量的是由于搬运方法不当所致。脊柱伤最怕的就是被抢救出来以后脊柱运动，比如双手抱或用力抬，脊柱就会进一步移动，造成松散、脱位，增加伤情。从压埋环境中抢救出伤员后，应该用硬质的担架平伸过去，把人移上去。如果现场没有硬质的担架，应把小臂伸出去，把伤者的身体放在上面，然后慢慢抬出来，这样可以保证受伤人员在搬运过程中的安全，不至于造成截瘫甚至死亡。对被压埋时间较长的人员，救出后要用深色布料遮挡眼部，避免瞬间强光照射导致失明，也不可给其过多食物和水，以免进食过多而伤及肠胃。

医护人员在青海玉树地震灾区救援

（3）保障志愿者队员的自身安全。志愿者参加地震救援，要在进入灾区之前，根据灾情注射疫苗，专业医务人员要向志愿者讲明卫生安全注意事项。进入灾区之后，要注意补充增加身体能量的微量元素、维生素等，保障自身体能和健康。救援行动后，要进行清洗消毒，保证队伍的战斗力。出现伤病，要及时治疗。

此外，志愿者在力所能及的情况下，尽力为灾区提供医疗服务，如协助对幸存者进行简要的体检，对生命体征进行评估，进行流动巡诊，参加卫生防疫等工作。

五、急灾区人民所急

破坏性地震发生后，或自身生命危急，或眼见亲朋、他人遇难，一般灾民都处于极度恐慌中，需要各方面的抚慰和帮助。因此，进入灾区现场的志愿者，不仅要快速有效地抢救生命，还要急灾区人民所急，解灾区人民所难，从灾民的需要出发，站在全局的角度服务灾区抗震救灾工作，为灾民们解决最急需的生存生活问题，帮助灾区尽快恢复正常生活秩序。

2008年5月28日，中国志愿者协会公布的数据称，在汶川特大地震灾害发生以后，有20万人次的中国志愿者奋战在四川抗震救灾一线，积极开展了救治和辅助救治、心理调适、卫生防疫、伤残护理、孤寡老人和儿童救助、分发救灾物资、协助维护秩序等工作。哪里有灾情，哪里就有志愿者的身影；哪里灾情重，哪里就有志愿者提供帮助。广大志愿者以一颗颗无私奉献的爱心投身抗震救灾，着眼局部，于细微处妥善处理每一个环节，成为政府救灾的有力补充。

急灾区人民所急，需要志愿者换位思考，站在灾民的角度，分析灾区群众的迫切需要，积极开展有针对性的志愿服务。比如，设立“帐篷学校”，教孩子们唱歌、画画、做游戏，疏导孩子们的心理，讲解地震和健康卫生常识，帮助孩子们从地震的恐惧和不安中走出来，帮助他们树立战胜困难的信心。

小贴士　中国志愿服务联合会就鲁甸地震发出倡议书

2014年8月5日，中国志愿服务联合会就云南省昭通市鲁甸县6.5级地震发出倡议书，倡议全国志愿服务组织和志愿者积极有序参与抗震救灾和灾后重建志愿服务。倡议书全文如下：

关于积极有序参与抗震救灾和灾后重建志愿服务的倡议书

全国志愿服务组织、志愿者朋友们：

2014年8月3日16时30分，云南省昭通市鲁甸县发生里氏6.5级地震。截至8月4日，地震已造成数百人死亡、数千人受伤，大量房屋倒塌，基础设施严重受损，人民群众生命财产遭受巨大损失。地震灾情牵动着全国人民的心。在党中央的坚强领导下，抗震救灾工作已经全面展开。当前，灾区救援工作正处在关键阶段，为保障灾区志愿服务工作积极有序进行，我们向全国志愿服务组织和志愿者发出如下倡议：

积极投身抗震救灾志愿服务。大力弘扬“奉献、友爱、互助、进步”的志愿精神，积极组织志愿者参加物资发放、伤员转运、义务献血、捐款捐物、心理疏导等志愿服务活动，人人搭把手、出份力，为抗震救灾贡献一份力量，为灾区人民奉献一份爱心。

科学有序参与救灾志愿服务。主动与云南当地志愿服务组织联系对接，了解灾区实际需求，急灾区人民之所急，解灾区人民之所难，提供切实有效、力所能及的帮助。不盲目进入灾区，为专业救援队伍留出生命通道。在灾区的志愿者，积极服从和配合当地党委政府统一调度指挥。

扎实开展灾后重建志愿服务。抢险救援只是救灾工作的第一步，灾后重建更需要大家的支持和帮助。各地志愿服务组织可根据实际情况，组织具有专业技术特长的志愿者，到灾区开展接力志愿服务，为灾后重建工作提供指导和帮助。中国志愿服务联合会将会同中国志愿服务基金会，支持云南地震灾区人民币200万元，用于开展抗震救灾和灾后重建志愿服务项目。

志愿者朋友们！一方有难，八方支援；邻里守望，行善立德。让我们汇聚志愿服务力量，用实际行动为抗震救灾和灾后重建的全面胜利做出贡献！

中国志愿服务联合会

2014年8月5日

第二节　地震救援的行动

根据以往地震灾害现场救援经验，不论是地震灾区的志愿者，还是赶赴灾区参加救援的外地志愿者，一定要在“黄金72小时”开展救援行动。一般来说，志愿者开展的地震救援行动主要有：搜集上报灾情；营救表层幸存者；搜索和营救浅层幸存者；人工搜索可能有幸存者的位置；针对一些可能会有幸存者的地方展开深入的搜索；在安全人员的指导下，对部分废墟进行清理等。

一、救援的黄金 72 小时

“黄金 72 小时”是地震灾害发生后的黄金救援期，已成为救援界的共识。救援界认为，灾难发生之后存在一个“黄金 72 小时”，在此时间段内，灾民的存活率极高。每多挖一块土，多掘一分地，都可以给伤者透气和生还的机会。在世界各地历次大地震中，72 小时内的国际化救援是最有效的救援方式。一般情况下，被困人员在被困 72 小时后被救存活率不到 30%，72 小时后，受困人员要想生存下来将取决于意志力。

一次破坏性地震发生后，首要任务是搜救被压埋人员，而外部救援力量不可能在第一时间赶到救灾现场。时间就是生命！抢救得越及时，获救的希望就越大。地震中有不少被压埋人员，一开始并没有因建筑物垮塌而被砸死，而是因为长时间没有得到救助而窒息死亡，如能及时救助，是完全可以获救的。唐山地震中有几十万人被困在倒塌的建筑物内，当地群众通过自救互救，大部分被压埋者获得了重生。因此，处在灾区的志愿者在自身脱险后，要就近、及时展开自救互救行动，抢救生命，最大限度地减少地震灾害损失。

赢得时间，挽救生命

对地震幸存者的搜救是与时间赛跑的过程，72 小时，只是理论上的黄金救援时间。72 小时并不意味生命的死限，长时间被困后获救的案例也不是没有。在世界各地的历次大地震中，从来就不缺乏奇迹！这些难以计数的奇迹震撼着世界，同时也告诉我们：人类对生存的渴望是多么强烈，只要坚定信念，不离不弃，生命的奇迹就会在下一分钟出现。因为很多坍塌的建筑中会保留蜂窝结构的空穴，使人得以幸存。汶川地震中，一名 60 岁老人在被困 11 天后终于获救；1985 年墨西哥 8.1 级地震，许多被埋超过一周的人都存活了下来……生命面前应不计成本，黄金 72 小时后，仍然坚信生命的力量，期待奇迹的出现。不抛弃、不放弃，只要还有一丝生的希望，都要付出所有的努力。

2013 年四川省芦山“4·20”7.0 级强烈地震发生后，救援人员在有限的黄金救援时间内火速集结，挺进灾区，与时间赛跑、与生命赛跑。在短短的“黄金救援 72 小时”里，人民子弟兵先后搜救治疗群众 2800 多人，协助安置转移群众 2.4 万多人，运送各类物资 1300 多吨……一线生机，百倍努力。“黄金 72 小时”已过，但救援并没有出现丝毫松懈，救援人员实施地毯式搜索，全力组织施救，救灾物资源源不断运往灾区。在危难关头，救援人员不放弃任何一个救援机会，更不会放弃任何一个有生还可能的生命。

二、灾情的搜集和上报

灾情是指地震造成的人员伤亡、经济损失和社会影响等情况。灾情速报，是指通过各种渠道快速地对地震的影响范围、造成的人员伤亡、经济损失和社会影响等进行搜集、汇总并上报。《中华人民共和国防震减灾法》规定，灾情速报是地震灾区县级以上地方人民政府的法定职责。地震发生后，各级政府迫切需要知道的是：地震发生在哪里，伤亡多大，有无次生灾害，受灾范围有多大，哪里灾害最重。这些信息，对于各级抗震救灾指挥机构组织开展各种应对行动决策至关重要。只有知道了这些，才能考虑如何组织抗震救灾，决定派什么样的队伍，派多少队伍，需要什么样的救灾物资，需要多少救灾物资等。尽管地震专业机构能够测定地震震中的地理位置，但是由于地形、地貌、岩土等因素的影响，有时候破坏最严重的地方和仪器观测到的震中位置并不尽一致，而且地震破坏的波及范围并不知道；尽管根据震害预测等手段能够预估人员伤亡和经济损失，但也仅仅是理论数值，往往与实际情况偏差较大。因此，地震灾情速报是政府了解灾情的最重要渠道，也是政府部署和实施震后紧急救援的直接依据。

众所周知，救援队伍越早到达，越有利于救助生命。而获知情况越早，就越有利于争取时间，采取有效的应急措施。因此，对于灾情速报的最基本要求就是快。地震发生时，震区附近的志愿者应把灾情速报作为重要职责和义务，对地震震情、灾情做初步搜集，不失时机地想方设法报告，即使只是初步掌握的情况或者获得的局部情况，也应立即报告。这些来自基层、丰富而快捷的灾情报告，对于政府部门初步判断灾情，进行决策部署，震后开展应急抢险、救援、处置各类地震次生灾害，有效地保护人民生命和财产安全都是极为重要和宝贵的。作为志愿者，及时搜集灾情并上报也是服务抗震救灾的一个重要途径。

中国地震局2010年修订的《地震灾情速报工作规定》中，对地震灾情上报的原则、内容、方法、程序进行了明确说明。地震灾情速报要主动、快速、客观、真实，不求全但求快，内容包括地震影响范围、受灾人口、经济影响、社会影响等，可以通过电话或短信，拨打防震减灾服务热线“12322”，网络登录中国地震局或省、市级地震局门户网站报告灾情。

志愿者在搜集上报灾情信息时，要注意体会大地震动的形式和程度，注意所处环境物体的变化，包括房屋、家具、悬挂物等，观察附近区域内建筑物倒塌、人员伤亡、地面和景物破坏情况，了解是否引起滑坡、泥石流、水灾、火灾、油气管道破裂、有毒有害物质溢漏等次生灾害，了解社会生活秩序情况，并将观察和了解到的情况及时上报。灾情的搜集和上报不是一次性事件，而是一个动态连续的过程，在地震灾情首报过后，要进一步调查了解核实灾情，进行续报。

地震灾情信息速报表

地震灾情信息速报表

1. 震感：□强（全部人群有感），□较强（大部分人群有感），□弱（少部分人群有感，或只有静止人有感）；地声：□有，□无；

2. 有感范围：__________县_________乡（镇）_________村；

3. 人员死亡情况：□无；死____人，分别系____县____乡（镇）村____人；____县____乡（镇）____村____人；____县____乡（镇）____村____人；

4. 人员受伤情况：□无；重伤______人，轻伤______人；

5. 房屋破坏情况：□无损坏；倒塌______间，损坏______间；

6. 财产损失情况：□无；□有，主要类型和原因______________；

7. 次生灾害发生情况：□没发生；次生灾害类型______，发生地点____________，原因________；

8. 群众反应：谣传□有、□无；情绪□稳定、□反应强烈；生活□有秩序、□紊乱，现象____；

9. 市地震局（办）采取的措施：　时　分启动应急预案；______带队人_____时_____分出发去现场；_____时_____分举行会商，结论：____。

10. 当地政府采取的措施，□无；□有，具体内容：________________；

11. 其他需要说明的情况：____。

灾情速报员：________________________

报送时间：______年____月____日____时____分

三、搜索的常见方法

震后救援的第一步是搜索。救援人员必须在很短的时间内找到幸存者，把伤害降到最低限度。一般来说，震后搜索被压埋人员有三种方式：人工搜索、仪器搜索和搜救犬搜索，就志愿者而言，比较常用的是前两种方式。

人工搜索。就是在受灾区域内部署搜索人员，直接对空穴和狭小空间进行搜索，寻找幸存者。具体来说，可以通过“一喊、二听、三看、四问、五分析”来确定幸存者的位置。一喊，喊幸存者的名字，或问废墟中是否有人，发出救援信号；二听，仔细倾听有无呼救信号，包括呼救声、呻吟声、敲打声和口哨声等，也可用喊话、敲击器物、俯身趴在废墟上，搜寻被压埋人员发出的生命信息；三看，观察废墟堆压情况，看是否有可能的生存空间，注意观察废墟上有没有人爬动的痕迹或血迹；四问，可向其家属或邻居询问情况，确定被压埋人员的大致位置；五分析，根据发震时刻、现场情况，分析被压埋人员可能的位置，如果地震在睡觉时间发生，可特别注意卧室位置，如果发生在用餐时间，则被压人员很可能在餐厅或者厨房位置。

搜索被压埋人员的五种方法

强烈地震后，原有的建筑物遭到不同程度的破坏，而人工搜索则需要搜索人员直接进入灾害现场或建筑物内，因此，搜索人员在开展人工搜索之前，要携带必要的装备，一般来说包括以下几类：个人防护装备、急救包、无线通信设备、标识器材、呼叫装备（扩音器、口哨、敲击锤等）、搜索记录设备（照相机、望远镜、手电筒等）、搜索表填写器材（书写板、纸、笔、表格等）、有毒有害气体侦测仪、漏电仪等。在具体搜索过程中，还要特别注意破坏后的建筑物的承重能力，地震后台阶承重能力可能减弱，上下楼梯时手要扶着墙壁。在黑暗环境下倒着走楼梯可能更安全，如果对某一阶楼梯强度有怀疑，可迅速越过该阶。对楼梯栏杆慎用，因为如果受损，可能一触即塌。如果楼梯严重损坏，可借用架在部分稳定楼梯的梯子上下。建筑物倒塌可能导致水、电、气等管道损坏，天然气泄漏会降低空气的氧气浓度或产生混合气体爆炸。因此，进入废墟前还应切断电源、进行空气检测，必要时通风。所有搜索的相关信息均应以图、文形式记录下来并标示在建筑物上（如所遭遇的危险、找到伤员的地点、地标和危险物等），为后期安全进入、救援和安全撤离提供指导，节省救援时间。

小贴士 **搜救符号**

下图中，搜救队员画的是搜救符号。圆圈内的字母是CISAR，然后画上V字并在上面画出一条长线。CISAR（China International Search and Rescue Team），是“中国国际救援队”的英文缩写。而横线则表示，此房屋已排查但已无生命迹象。搜救符号都有其独特的含义，是国际约定俗成的，可以向别的搜救队传达你的搜救时间，人员来自哪里，搜救的结果如何，等等。如图符号表示该地区（房屋）无生命迹象的符号，是给其他救援队的明确信息，可以减少重复操作。

中国国际救援队队员在做搜救符号

仪器搜索，是指搜索人员利用一些先进的仪器设备搜寻被压埋在废墟下未被发现的被困人员并确定其位置，或在营救过程中通过仪器对被困人员及其所处环境成像，进而指导营救操作。目前，仪器搜索通常被安排在人工搜索之后或配合搜救犬进行搜索，一方面是因为地震救援初期有众多可直接看到或听到呼救的被困者需要营救，另一方面也考虑到目前市场上的搜索仪器还远不能满足地震灾害环境下搜索的需要。目前主要使用的仪器有声波振动生命探测仪、光学生命探测仪、热红外生命探测仪等。

强烈地震发生后，受灾区域一般比较大，震后搜索被压埋人员，在救援力量有限的情况下，不可平均分配，要针对不同类别的受灾地区设置搜索优先顺序。最有可能有幸存者的地区（根据建筑类型判断）和潜在幸存人数最多地区（根据受灾建筑的用途判断）应给予优先考虑，例如，学校、医院、养老院、高层建筑、复合住宅楼和办公楼等，应优先展开搜索。同时，使用固定、醒目的符号对已经完成的搜索区域进行标示。

“蛇眼”探测仪

“蛇眼”探测仪就是一种搜索仪器，它的学名叫“光学生命探测仪”，是利用光反射进行生命探测的。仪器的主体非常柔韧，像通下水道用的蛇皮管，能在瓦砾堆中自由扭动。仪器前面有细小的探头，可深入极微小的缝隙探测，类似摄像仪器，将信息传送回来，救援队员利用观察器就可以把瓦砾深处的情况看得清清楚楚。很多博物馆和超市用的防盗装置就是这种光学探头加观察器的仪器。

四、营救的基本步骤

志愿者作为自愿从事地震灾害救援工作的个体或团队，在组织开展营救工作时，既要充分发挥自身的优势和特点，同时也要正视在专业知识和技能上与专业队员的差距，因此，在开展营救行动的步骤上也不同于专业队伍，总体上按照以下五个步骤进行：

（一）营救表层幸存者

救援初期，在大批专业队伍还未到达灾区之前，可能会有大量表层的幸存者需要营救，他们通常是受了轻伤，自己无法脱身，或者是部分肢体被倒塌废墟浅层压埋，自己无法移动，只需要简单的帮助和协助就可以脱离危险。同时，在灾害初期，幸存者还具有数量大、范围广的特点，必须提高营救效率，志愿者队伍到达速度快、队伍庞大的优势得到了充分发挥。因此，志愿者队伍开展营救行动的第一步就是要立即组织人员营救就近的表层幸存者，具体做法要遵循以下几项原则：

（1）按照集体行动的原则。有组织的营救永远比单独行动效率更高，把区域内的志愿者组织起来，分成若干小组，分片包干，保证效率最大化。

（2）按照先近后远的原则。营救时要从最近的区域开展，把营救速度放在首位，争取时间，扩大成果。

（3）按照先易后难的原则。以最快的速度营救容易救出的人群，对困难较大的可以先让其露出头部，清理口、鼻中的异物，止血处理，等待救援。

（4）按照科学的搬运方法。切忌生拉硬拽、强行转移，给幸存者造成二次伤害。

（5）放置幸存者的位置要确保安全。要充分考虑潜在危险。

（6）营救时要注意自身安全。尽量避免进入倒塌严重的危楼内，考虑余震、建筑物二次坍塌和次生灾害。

（二）搜索和营救浅层幸存者

当大量表层幸存者得到营救，并转移到安全的地方后，必须马上搜索压埋在浅层的幸存者，并实施营救。浅层的幸存者大多以被困、局部被压埋者居多，有部分肢体露在废墟外面，很容易被发现，但需要进行一定处理才能够救出，具有一定的难度。因此，志愿者在实施这一步骤时，必须采取以下灵活的营救方法：

（1）快速搜索定位，分组、分区营救。在发现浅层的幸存者后，根据压埋情况，在力所能及的范围内开展营救。

地震灾害现场范围较大，尤其是在现代城市高速发展的时代，高楼林立，在倒塌后没有任何规律，很难判断具体的方位，给搜索行动带来很大的困难。因此，在实施搜索定位时，志愿者要按照一定的标记原则和方法来进行，这样才能保证效率，不出现死角和遗漏。通常有以下几种方法：

①结构定位常用原则。根据联合国救援活动指南规定，在建筑物的外部，标有地址的一侧定义为第 1 侧面，建筑物的其他侧面从第 1 侧面开展，沿顺时针方向计数。

建筑内部被分为若干象限。象限按字母顺序从第一侧面和第二侧面相交处顺时针标记。四个象限相交的中心区域定义为 E 象限（也就是中心大厅）。

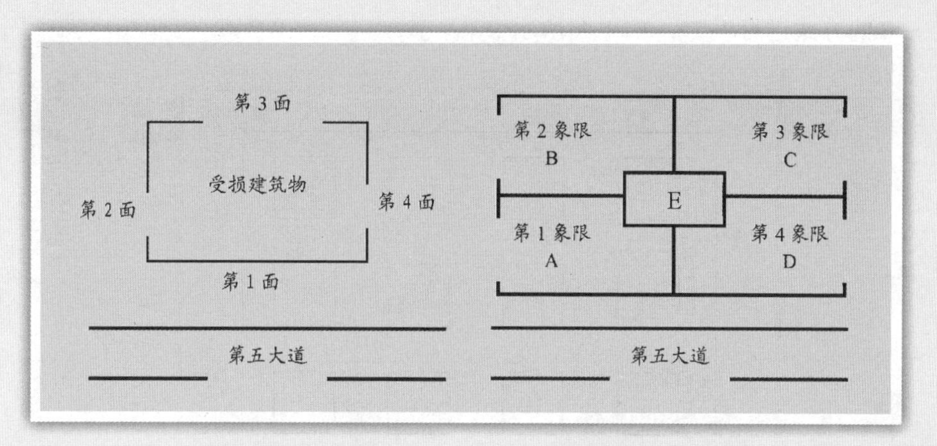

建筑物的外部定位　　建筑物内部定位

②建筑物层数标记方法。多层建筑物的每一层必须有一个清晰的标记，当层数从建筑物外部可数出时，可不标记。层序从地面一层开始，依次为第二层、第三层等。相反，地面一层以下依次为地下一层、地下二层等，如下图所示：

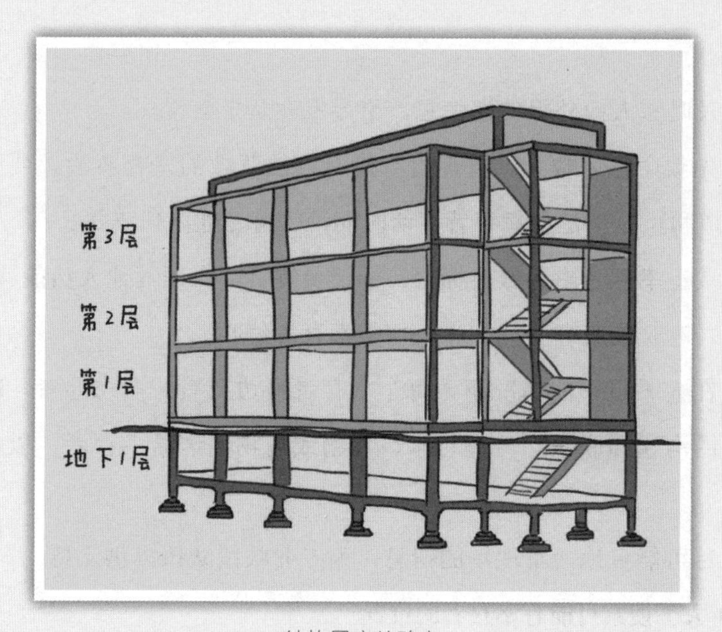

结构层序的确定

③柱的标记。柱的标记从建筑物的正面按自右向左、由前向后以 A ～ Z、

1～9的方式进行编号，如下图所示：

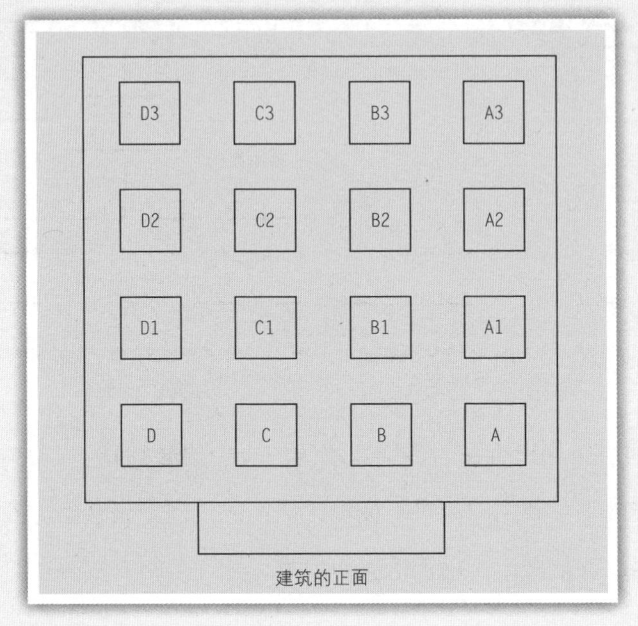

结构柱的标号

（2）及时派人向外界传递信息，引导专业队伍救援。

（3）先救命，后救人。发现自身没有办法营救的幸存者后，要帮助他们清理呼吸道和止血，延长幸存者存活时间，等待专业队伍支援。

（4）要在幸存者附近做上标记。标记要醒目，保证其他人员能够发现。

（5）及时开展心理安抚工作，增强幸存者信心。

（6）在人手足够的情况下，每个幸存者身边要有一名志愿者，时刻保持与幸存者的沟通和联系。可先将水、食物或药物输送给幸存者，以增强其生命力。

（7）尽可能多地搜集现场的信息，为专业救援队伍提供支持。

（三）人工搜索可能有幸存者的位置

在完成第二个步骤后，大部分幸存者已经得到营救或确定具体位置，但仍然有很多不容易被发现或压埋在废墟深层的幸存者需要救援，他们通常是困在面积较大的危楼内或埋在废墟下，需要通过一定手段才能够被找到。通常在这个阶段需要进行呼叫和敲击，倾听幸存者发出的声音。主要有以下几种方法：

1．呼叫搜索方法

（1）由4名以上搜索人员围绕搜索区等间距排列，间隔8～16米，搜索半径5米左右。由1人担任搜索组长发布命令。

（2）4名搜索人员顺时针同步向前走动，并大声呼叫或用麦克风呼叫：“你听到我的呼叫吗？”“需要帮助吗？”或者连续5次敲击瓦砾或邻近建筑物构件。

（3）呼叫后，保持安静，仔细捕捉幸存者响应的声音，并辨别信号的方向。

（4）初步确定幸存者的位置后，现场做标记并同时在搜索区草图上标上记号。

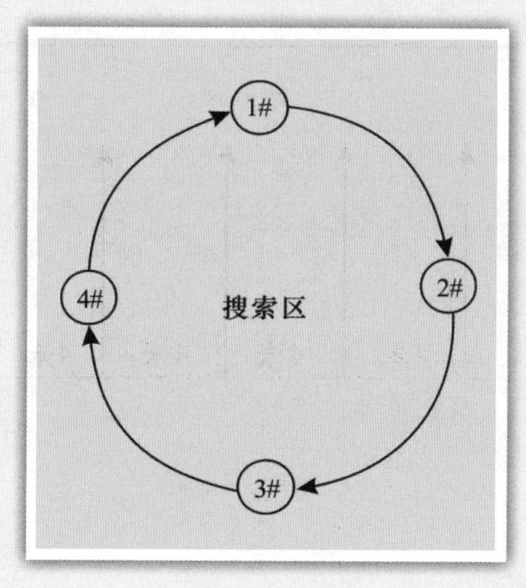

呼叫搜索示意图

2．空间搜索方法

由若干搜索人员以直线或网格形式，按一定顺序边观察边呼叫，边听边向前推进，保证将整个搜索区全部彻底地探索。

（1）房间搜索方法。基本原则是进入建筑物后从搜索人员的右边开始搜索，结束也在搜索人员的右边，一是避免迷失方向，二是避免遗漏空间。

进入建筑物后，向右转，右侧贴墙向前搜索，一个房间一个房间进行搜索，直到全部房间或空间搜索完毕，再回到起始点。

如果搜索人员忘记或迷失方向，只需简单地向后转，并按位于同一墙体的左侧向前进即可返回进入时的位置。

（2）大开阔区线形搜索方法。在礼堂、会议室、自助餐厅和具有若干木质隔墙的办公室，可采用线形搜索方法。搜索人员面对着开阔区一字分开，间距 3 ～ 4 米。从开阔区一边平行搜索通过整个开阔区至另一边。搜索人员在线形搜索的末端处，以右起右止的方法搜索其周边的房屋。本过程也可以从反方向反复搜索。

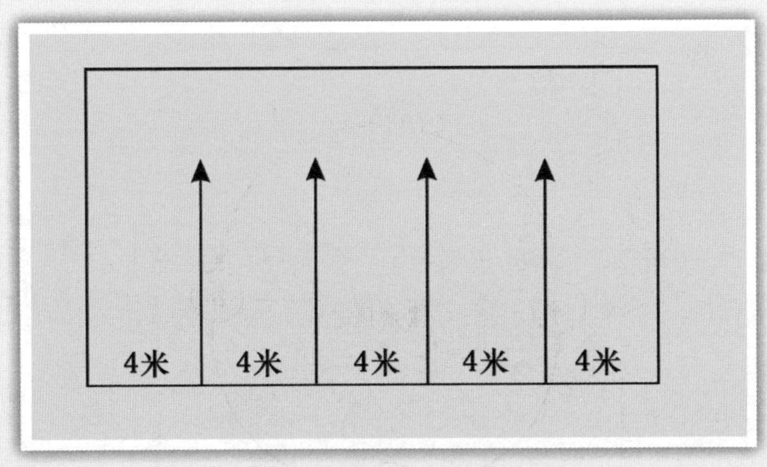

开阔区搜索方法示意图

3. 网格搜索方法

该方法需要较多的搜索人员。在搜索区的草图上，将倒塌区域分成若干个网格方阵，搜索人员（志愿者、救援人员均可）6 个人一组分配一个网格方阵进行搜索并将搜索结果向现场指挥人员报告。如果第一搜索小组进行完空间搜索工作，是否还需继续进行其他形式的搜索由现场指挥人员决定，避免相互干扰。所有未能确定遇难者位置的，应该在该网格做上标记，同时向搜索队领导报告，必要时可向专业队提出仪器搜索支援。

1	2	3	4
5	6	7	8
9	10	11	12
13	14	15	16

网格搜索方法示意图

4．其他人工搜索方法

当在废墟的瓦砾堆上面不安全或不经处理搜索人员无法接近时，可采取“周边搜索”方法。4 名搜索人员围绕着瓦砾堆边缘等间隔顺时针同步转动，并进行搜索，从 1# 到 2# 依次顺序进行搜索，直到转一圈后为止。

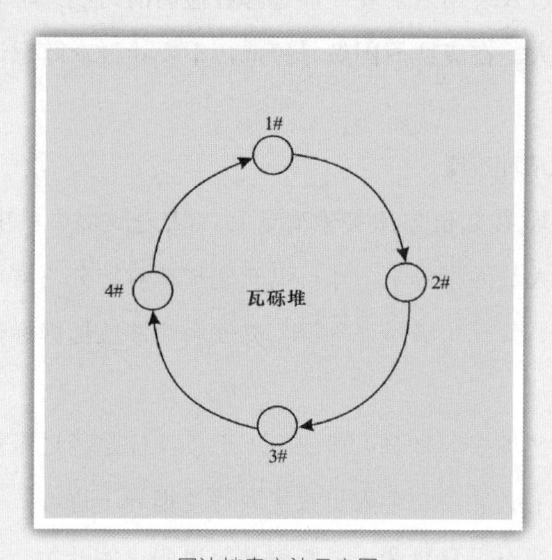

周边搜索方法示意图

同时注意，使用民间训练有素的搜救犬，能显著增加找到被困及昏迷伤员的可能性。但是搜救犬不应佩戴阻碍其在废墟中穿行的项圈或绳索，并需要人员经常对其进行检查和保护。

（四）深入搜索

深入搜索主要是对一些可能会有幸存者的地方展开仔细的搜索行动，通常这些区域倒塌比较严重或通过搜集到的信息判断可能会有幸存者。对这些区域的搜索难度是最大的，需要对局部倒塌的废墟进行清理，有选择地移动一些小的废墟，或者破拆一些相对稳固建筑的门窗等，如果经搜索，发现存在幸存者的希望较大时，应立即请求专业队伍支援，切记不要盲目地使用大型机械和清理大块废墟，这样可能会对幸存者造成二次伤害，严重时可能导致死亡。因此，在本阶段一般不要轻易行动，重点搜集信息，寻求支援。

深入搜索要保证自身安全再开展行动，不要破坏倒塌废墟原有的支撑关系，不要很多人同时在废墟上行走和工作，不要随意把清理的废墟到处乱扔，任何一个轻微的震动可能导致坍塌。在清理过程中要有专门人员负责观察废墟结构的变化。在进入现场之前要提前选择好撤离的路线。不要单独行动，每小组至少要两个人。在废墟周围做好警戒，不要让群众随意进入现场，以免造成伤害。

（五）系统化清理废墟

在经过专业救援队伍多次搜索确认后，认为倒塌废墟中没有幸存者的情况下，在安全人员的指导下，才可以有选择地对部分废墟进行清理，包括清理遇难者尸体、残肢和贵重财物等，并使用喷漆或标牌标记已经搜索过的建筑。

系统化清理废墟，要做到六个必须：必须保证是经过专业队伍确认，没有幸存者的废墟；必须在安全人员或工程师的指导下进行；必须在力所能及的范围内进行，切不可盲目蛮干；必须从简单的废墟开始，一旦存在安全隐患，要马上停止；必须有组织地进行，不得单独行动；必须加强身体防护，防止出现病菌感染。

救助常识

发现生命先送水，未能送水快补液；

清理口鼻头偏侧，呼吸通畅是原则；

臀部肩膀往外拖，不可硬拽伤关节；

伤口出血靠压迫，夹板木棍定骨折；

颈腰损伤勿扭曲，硬板移送多人托。

五、救援安全的保障措施

地震灾害现场充满危险，不稳固的建筑和倒塌废墟随处可见，碎玻璃、暴露的尖钉、不牢固的地板和楼梯、断落的电线、泄漏的燃气、破损的下水管道和水管等，都会造成严重危害，很多建筑物外表看起来很稳固，但随时可能发生二次坍塌。因此，在救援中要时刻牢记：安全第一，要想救别人，首先要保护好自己。在开展救援行动时，要配备必要的个人防护装备，利用科学的方法和手段开展工作。

（一）个人防护

在救援工作中，救援人员经常是在危险环境中长时间工作，因此，无论是直接参与救援，还是为救援行动提供服务保障，必须穿戴必要的个人防护装备。根据条件可重点考虑以下防护装备：

头盔：在自救互救中，对头部的保护尤其重要。平时在家中可储备，也可用其他防护头盔。

手套：有效地避免手与废墟及遇难者尸体接触。家中储备最好是橡胶或防割手套。

靴子：防止现场钢筋、玻璃碎片等尖锐物体对脚的伤害，登山鞋或运动鞋也可临时替代。

防护服：救援中对防护服的要求较高，一般有组织的志愿者救援队伍应当配备个人防护服装，专业队伍的防护服装一般分为三个等级来防护灾害现场带来的各种危险。

防尘口罩：用于对现场产生的粉尘、烟雾进行防护，家中应储备医用口罩。

防尘眼罩：用于防止粉尘和烟雾对眼睛的伤害。

不同的灾害对人体产生的危害不同，在救援过程中需要防护的重点也不尽相同，如果有条件，必须在个人防止装备上加强配置，如肘部、膝部的防护等。

（二）狭窄空间防护

进入狭窄空间是救援人员需要面对的危险的任务之一，狭窄空间只有有限的通道，由于结构、位置或者内部结构的原因，容易聚集危险的气体、蒸气、粉尘和烟，或者容易缺氧。因此，当必须进入狭窄空间救援时，一定要高度重视安全问题。

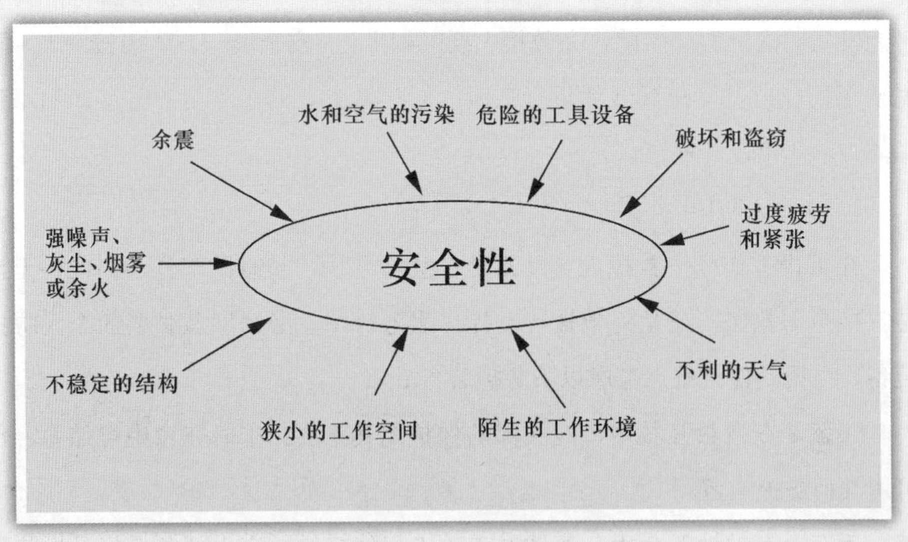

影响救援安全的因素示意图（一）

（1）任何时候都不要一个人擅自进入狭窄空间，必须是两人以上结伴而行，相互照应，如果通道很长，可用绳索进行引导和传递信息。

（2）进入狭窄空间之前一定选择好撤离的路线，保证在发生二次坍塌、余震及有危险时能够迅速撤离。

（3）进入狭窄空间需要携带特殊装备，例如自携式供氧器等。很多社区都组织提供关于狭窄空间及相关设备的知识培训。

（4）无论情形多么紧急，在听取救援专家意见之前，不要进入坍塌的建筑物。在即将进入时，尽可能查明场所的结构。

（5）进入狭窄废墟之前，应先采取措施控制住危险，如进行安全支撑，并保护幸存者。

（6）当获准进入一栋建筑开展搜救行动时，至少两个人一起行动，移动要慢，每一步都要试探，靠墙行走，下楼梯时挨着墙壁倒着走。

（7）要注意不安全的墙壁；堵住或者卡死的门背后可能有堆积物；小心不牢固的楼梯、突出的玻璃碎片、裂成碎片的木头、突出的钉子、泄漏的燃气、灌了水的地下室，以及暴露的电线。

（8）在进入狭窄空间时，一定要准备充分的照明设备。

（9）在狭窄空间禁止使用明火或吸烟，以免导致火灾、爆炸或缺氧等危害。

（10）禁止破坏倒塌建筑物的原有支撑关系，不得随意抽拽废墟中的任何物体，防止发生二次坍塌。

（11）禁止在清理建筑物废墟时随意放置或投掷，不得随意给结构增加重量和冲击力，防止发生二次坍塌。

（12）禁止在未进行漏电检测前触摸电线，如果发现电线首先要进行检测。

（13）在打火或开电源之前，一定要进行可燃气体检测。

（三）安全管理

在现代文明高度发展的今天，在秉承以人为本的社会，我们倡导科学的、安全的救援理念。因此，志愿者在从事救援行动时，不能盲目蛮干，一定要在保证自身安全的情况下进行灾害救援。

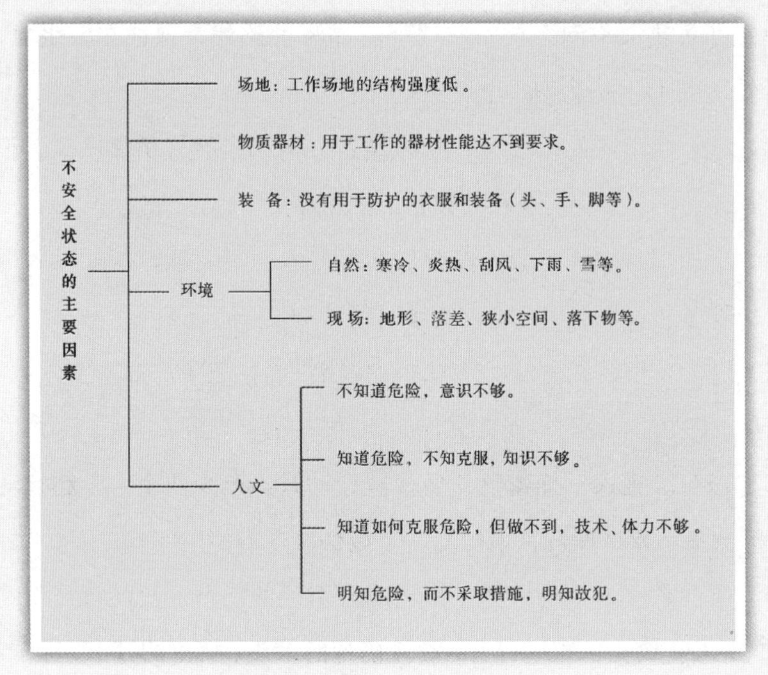

影响救援安全的因素示意图（二）

1. 安全管理的目的

安全管理是通过人的行为来控制和降低危险发生的管理手段。主要目的有以下三个方面：

（1）保证正常的健康生活。地震灾害救援行动是一种在危险环境下营救生命的活动，如果在行动过程中导致人员受伤，可能会对志愿者工作带来极大的负面影响，一个人受伤，其他人都受到冲击。因此，安全管理的首要目的是不能让志愿者在营救生命的过程中自身受到伤害。

（2）保证营救行动得到持续。在地震灾害现场所有人员都处于高度紧急状态，其心理活动也是不断变化的，当所有志愿者都在全身心投入营救的时候，如果有人出现意外，剩余的工作是无法继续的。因此，必须让所有的志愿者都意识到安全管理工作的重要性和必要性。

（3）保证营救行动顺利完成。顺利完成营救行动是所有人员的共同愿望和最终目标，但如果不加强安全管理，就可能在营救行动中造成意外事故，影响行动顺利完成。因此，在平时的训练中，志愿者一定要加强对安全意识的培养，加强对安全隐患的认知，加强对安全防护知识和技术的学习。

2．安全管理办法

尽管在地震灾害现场具有很多影响队伍本身和行动的不安全因素，但只要通过人为的努力，通过科学的管理方法和手段，还是可以避免事故的发生。

（1）志愿者队员中必须配备专门负责安全的人员。

（2）每个行动小组必须有专门负责安全的安全员。

（3）志愿者队伍要有统一的紧急撤离信号，可以用口哨通知。

（4）信号规定要确保是统一的，而且每名队员都熟知。

（5）随时保持每名队员之间的联系，如果有对讲机要进行实时呼叫。

（6）每次救援行动前必须制订安全计划。

（7）每名队员必须有必要的个人防护装备，如头盔、手套、靴子等。

（8）队长在行动开始前要检查队员的个人安全情况。

（9）队长在行动中，要随时提醒队员注意安全，并提出不安全因素。

（10）每到达一个工作场地首先要进行安全确认。包括建筑物的状态、危险程度、室内的危险源，如天然气管道、煤气罐、电源、化学物质等。

（11）平时志愿者队伍要充分了解和学习现场和行动中的不安全因素及解决办法。

（12）平时志愿者队伍按照队伍的管理层次，经常组织模拟演练。

六、常见的急救措施

震后救出的伤员有的流血不止，有的骨折，有的突然没了心跳和呼吸……而此时，专业的医护人员可能还没有赶到现场，或者忙不过来，如果我们掌握了一些基本的急救措施，就有可能减轻伤残，甚至挽救生命。受伤后的几分钟到一小时是最佳急救时间，有“铂金十分钟”和“黄金一小时”之说。

现场急救是救命第一招，这里介绍一些基本的急救方法。

（一）止血方法

出血，尤其是大出血，若抢救不及时，伤员会有生命危险。止血技术是外伤急救技术之首。现场止血方法常用的有四种，即指压止血法、包扎止血法、加垫屈肢止血法和止血带法止血法。使用时根据创伤情况，可以使用一种，也可以将几种止血方法结合一起应用，以达到快速、有效、安全止血的目的。

指压止血法是指较大的动脉出血后，用拇指压住出血的血管上方（近心端），使血管被压闭住，中断血液。如果手头一时无包扎材料和止血带，或运送途中放松止血带的间隔时间，可用此法。此方法简便，能迅速有效地达到止血目的，缺点是止血不易持久。

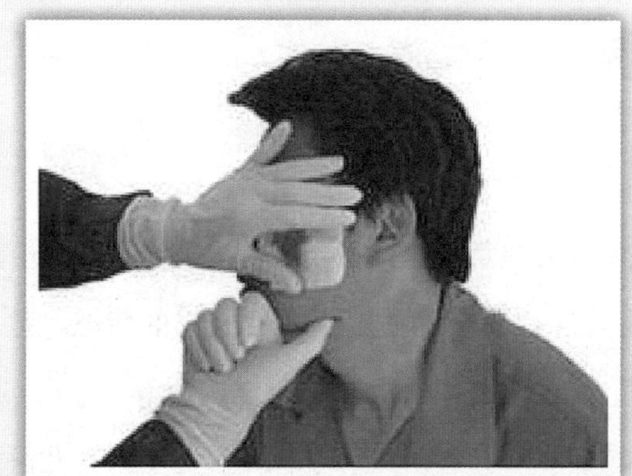

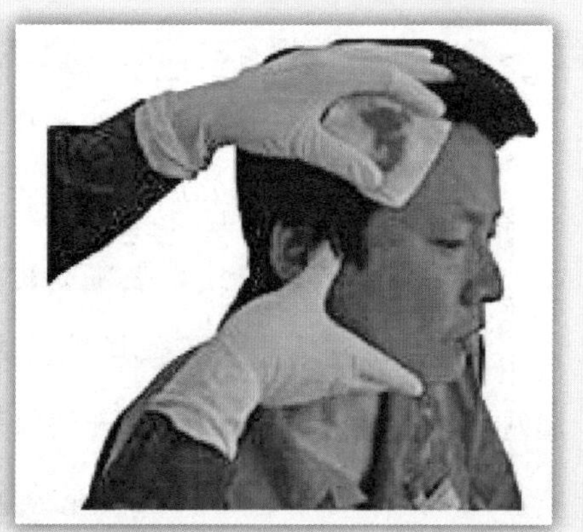

面部、颞部压迫止血法

包扎止血法一般适用于无明显动脉性出血的情况。小创口出血，有条件时先用生理盐水冲洗局部，再用消毒纱布覆盖创口，以绷带或三角巾包扎。无条件时可先用冷开水冲洗，再用干净毛巾或其他软质布料覆盖包扎。如果创口较大而出血较多时，要加压包扎止血。包扎的压力应适度，以达到止血而又不影响肢体远端血运为度。严禁用泥土、面粉等不洁物撒在伤口上，造成伤口进一步污染，给下一步清洗带来困难。

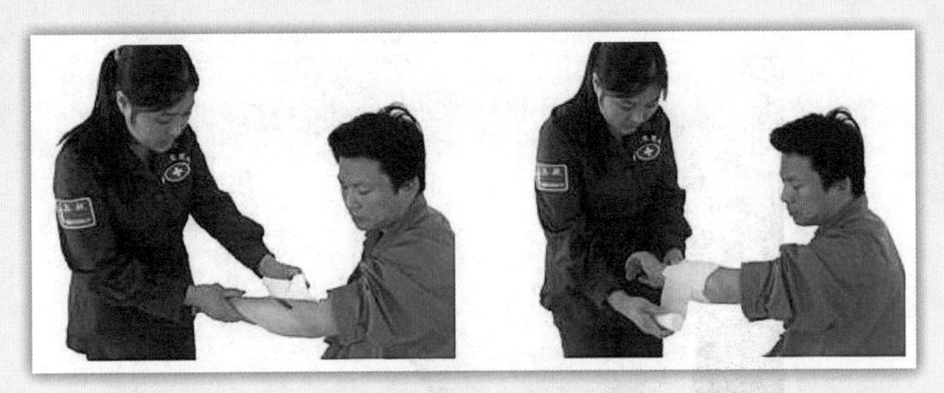

敷料包扎法

加垫屈肢止血法是适用于前臂和小腿部位的临时止血措施。可于肘、膝关节屈侧加垫，屈曲关节，用绷带将肢体紧紧地缚于屈曲的位置。

止血带止血法用于较大的肢体动脉出血，且为运送伤员方便起见，应用止血带。先在用止血带的部位放一块布料和纸做的垫子，然后用三角巾叠成带状，或用手帕、宽布条、毛巾等方便材料绕肢体 1 ～ 2 圈勒紧打一活结，再用笔杆或小木棒插入带状的外圈内，提起小木棒绞紧，将绞紧后的小木棒插入活结的环中。上止血带后每半小时到 1 小时放松一次，放松 3 ～ 5 分钟后再扎上，放松止血带时可暂用手指压迫止血。

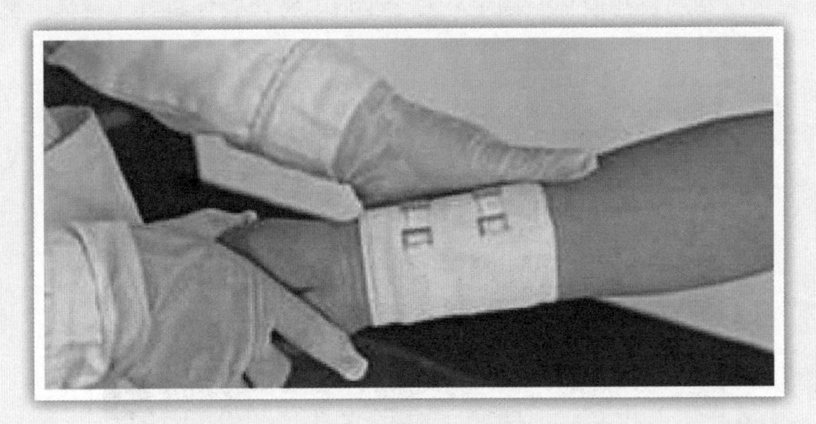

环形包扎法

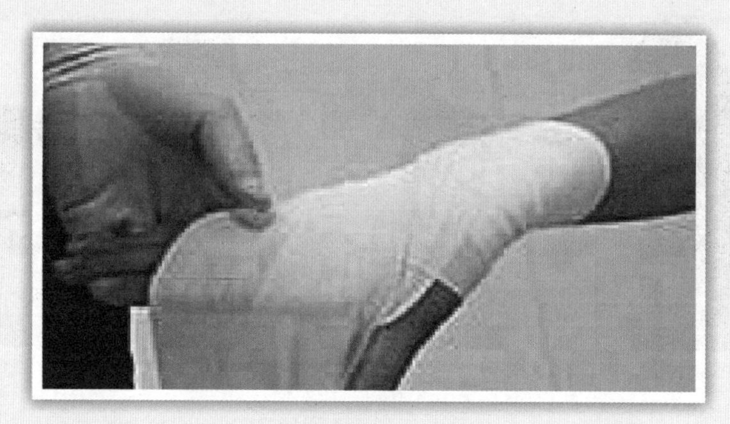

螺旋包扎法

（二）对骨折伤员的救护

大地震造成大量人员伤亡，受伤者中以骨折病人为多。现场救护正确与否，不仅关系到治疗效果，而且关系到病人生命安危。如果我们在现场，该如何施救呢？

对骨折或疑为骨折的伤员不应轻易搬动。原则上就地取材，就地固定。可用木板、竹片、粗硬树枝等作为外固定物。上肢骨折固定材料要超过肩、肘、腕部，下肢要超过髋、膝、踝关节。如果身旁确实没有什么可以利用的外固定物，也可以利用自身肢体来固定。对于上肢，将伤肢伸直置于身体一侧，用

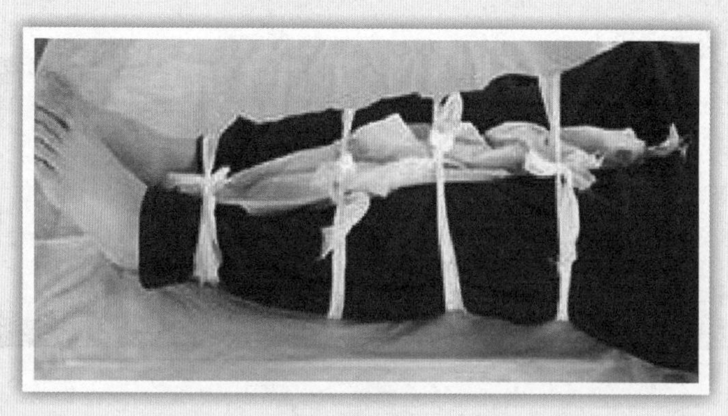

打结固定

三条布带将伤肢连同躯干绑在一起。对于下肢，将两腿伸直，两腿之间空隙用衣物填塞起来，再用几条布将两腿绑在一起，这样能达到临时固定、减轻疼痛、避免再损伤的目的。搬运脊柱损伤的伤员时一定要特别小心，必须让伤员的脊柱保持平直，不然容易造成瘫痪。

（三）心肺复苏及其步骤

当被救者心跳呼吸停止时采取的急救措施叫作心肺复苏，包括人工呼吸和胸外心脏按压。判断被救者刚刚停止心跳和呼吸后，就必须立即在现场进行心肺复苏。只有恢复其心跳和呼吸，才能挽救生命。心肺复苏的主要做法是：

心肺复苏的八个步骤示意图

打开气道，进行口对口人工呼吸。操作前必须先清除病人呼吸道内异物、分泌物或呕吐物，使其仰卧在质地硬的平面上，将其头后仰。抢救者一只手使病人下颌向后上方抬起；另一只手捏紧其鼻孔，深吸一口气，缓慢向病人口中吹入。吹气后，口唇离开，松开捏鼻子的手，使气体呼出。观察伤者的胸部有无起伏，如果吹气时胸部抬起，说明气道畅通，口对口吹气的操作是正确的。

施行胸外心脏按压。让病人仰卧在硬板床或地上，头低足略高，抢救者站立或跪在病人右侧，左手掌根放在病人胸骨的1/2处，右手掌压在左手背上，指指交叉，肘关节伸直，手臂与病人胸骨垂直，有节奏地按压。按压深度成人为4～5厘米，每分钟100次左右。每次按压保证胸廓弹性复位，按下的时间与松开的时间基本相同。

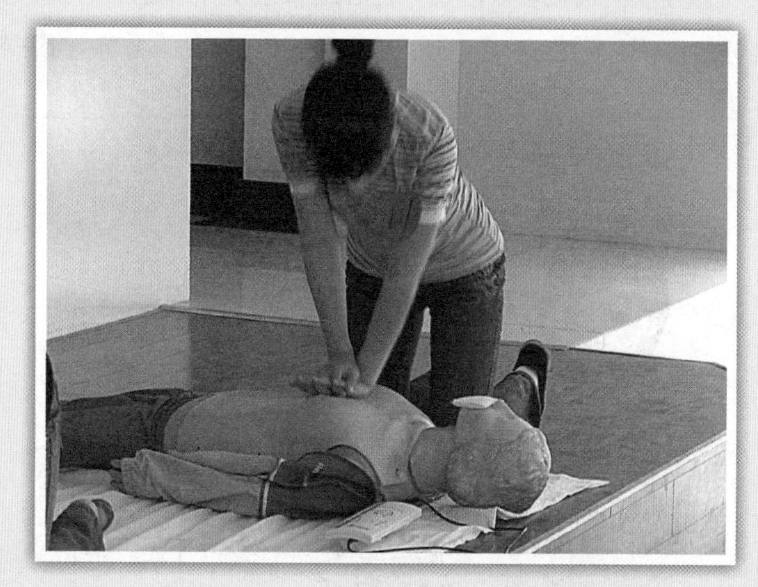

胸外按压术

人工呼吸和胸外心脏按压要按照2∶30的比例进行，即每进行2次人工呼吸，接着进行30次心脏按压，中断时间不应超过10秒。

如果现场仅有一人施救，那么抢救者既要做人工呼吸，又要做心脏按压。如果现场除伤者外，有两人或两人以上，那么最好一人施行人工呼吸；另一人做胸外心脏按压，每2分钟完成5个周期的心脏按压和人工呼吸（每个周期30次心脏按压和2次人工呼吸）后交换心脏按压者，防止按压者疲劳，保证按压效率。

（四）地震伤员的搬运

由于城镇人口密度大，破坏性地震发生后，很可能使很多人受到伤害。居民掌握正确搬运伤员的方法，可以使伤员尽快脱离危险区，及时送到医疗救护站获得专业医疗，防止损伤加重，从而最大限度地挽救生命，减少伤残。

伤员宜躺不宜坐，昏迷伤员应侧卧或头侧位，要严密观察伤员神情。要保护颈椎、脊柱和骨盆。具体方法如下：

扶行法。此方法适合那些没有骨折、伤势不重、能自己行走、神志清醒的伤员，常适用于狭窄的楼道和通道。一位或两位救护人员托住伤员的腋下，也可由伤病员一手搭在救护人员的肩上，救护人员用一手拉住，另一手扶伤员的腰部，然后和伤病员一起缓慢移步。扶行法的作用是不仅能给伤病员一些支持，而且更能体现对伤病员的关怀。

双人搭椅法。两个救护人员站立于伤病员的两侧，然后两人弯腰，各用一手伸入伤病员大腿下方相互十字交叉紧握，另一手彼此交替支持伤病员背部；或者救护人员右手紧握自己的左手手腕，左手紧握另一救护人员的右手手腕，形成口字形搬运。这两种不同的握手方法，都因类似于椅状而得名。此法要点是两人的手必须握紧，移动脚步必须协调一致，且伤病员的双臂必须搭在两个救护人员的肩上。

器械搬运。器械搬运是指用担架（包括软担架、移动床、轮式担架）等现代搬运器械或者因陋就简利用床单、被褥、竹木椅等作为搬运器械（工具）的一种搬运方法。用担架搬运伤病员时，对不同病（伤）情的伤员要用不同的体位搬运。伤病员抬上担架后必须扣好安全带，防止翻落（或跌落），伤病员上下楼梯时应保持头高位，尽量保持水平状态，担架上车后应当固定，伤病员应保持头朝前脚向后的体位。在狭窄楼梯道路，担架或其他搬运工具难以搬运，或天气寒冷，徒手搬运会使伤病员受凉的情况下，可以用床单、被褥搬运。首先取一条牢固的被单（被褥、毛毯也可以），把一半平铺在床上，将伤病员轻轻地搬到被单上，然后把另一半盖在伤病员身上，露出头部，搬运者面对面抓紧被单两角，保持伤病员脚前头后的体位缓慢移动。这种搬运方式会使伤病员肢体弯曲，脊柱损伤以及呼吸困难等伤病员不能用此法。楼梯比较窄和陡直时，可以用固定的竹木椅搬运。伤病员取坐位，并用宽带将其固定在椅背上，两位救护人员一人抓住椅背，另一人抓握椅脚，搬运时向椅背方向倾斜 45 度角，缓慢地移动脚步。

对危重伤病员的搬运要特别小心。脊柱、脊髓损伤的伤病员要采取四人搬运法。一人在伤员的头部，双手掌抱于头部两侧纵向牵引颈部，有条件时戴上颈托；另外三人在伤员的同一侧（一般为右侧），分别在伤员的肩背部、腰臀部、膝踝部，双手掌平伸到伤员的对侧；四人单膝跪地，同时用力，保持脊柱为中立位，平稳地将伤病员抬起，放在脊柱板上，头部固定；6 ～ 8 根固定带将伤病员固定在脊柱板上。

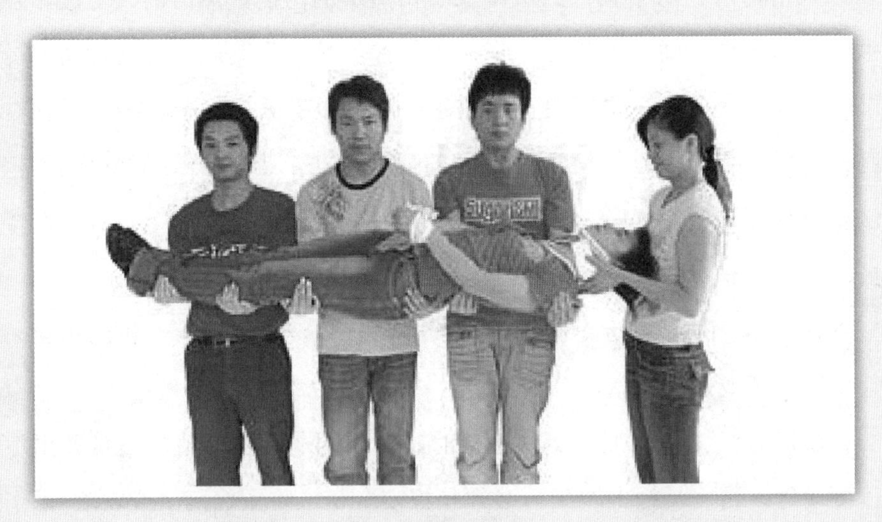

抬起伤员

昏迷病人咽喉部肌肉松弛，仰卧位易引起呼吸道阻塞，此类病人宜采用平卧位并使头转向一侧或采用侧卧位，搬运时用普通担架或活动床。

第三节　震后的主要任务

2008 年汶川地震救援的实践，让全社会看到了志愿者队伍的作用和必要。在地震救援现场，志愿者不仅全力参与搜救被压埋人员，还在政府尚未顾及的一些细微地方起到拾遗补缺的作用，体现了政府和民间组织力量的协同与合作，使整个抗震救灾工作进行得更为迅速、有力、有效。志愿者在震后主要承担哪些任务，目前还没有统一的表述，但从历次抗震救灾实践来看，志愿者除了参与搜救压埋人员外，主要还承担了以下几个方面的工作：

一、协助防范次生灾害

破坏性地震发生后，常常会伴随着一系列的次生灾害，这些次生灾害如果没有得到有效防范，就会给群众带来生命和财产的损失，有时甚至大于地震的直接损失。所以，志愿者在震后要协助政府和当地群众防范次生灾害。

汶川地震中，由于中心区处在我国龙门山地震断裂带上，再加上该地区进入雨季，降水多，暴雨经常发生，在地震、余震和暴雨的共同作用下，形成了滑坡、泥石流、堰塞湖等众多次生灾害。北川县受灾最为严重，整个县城大约 80%的房屋倒塌，1.3 万人的县城只有 4000 人幸免于难，大部分伤亡是由于滑坡造成的。2011 年 3 月 11 日，日本东北部海域发生里氏 9.0 级地震并引发海啸，造成数万人死亡或失踪。

一方面，志愿者要根据情况，对水坝、输变电、给排水、供气等生命线设施的破坏情况进行调查并报告，有条件的要协助组织抢修、加固，或疏散人员。比起地震本身，地震后的火灾有时更可怕。所以一定要加强地震后火灾的预防，消除火源。要提醒、告知居民及时对家庭中的次生灾害进行处置，尤其是要帮助缺乏自理能力的高龄、伤残人员，对没有关闭的燃气和电器进行处置。山体崩塌等可能堵塞河道，遇到此种情况，要立即组织人员疏通；还要远离悬崖陡壁，以免山崩、塌方时伤人；离开大水渠、河堤两岸，这些地方容易发生较大的地滑或塌陷。

另一方面，地震导致原来的基础设施遭到破坏，污水无处可排，垃圾无处堆放，造成环境恶化、水源污染、蚊蝇鼠虫等大量滋生，致使人们的生存条件急剧下降，很容易造成传染病的流行及暴发。在震后，科学防疫工作至关重要，志愿者要积极协助。一是提醒灾民注意饮食安全，不要随便喝生水，不吃死亡的畜禽、腐烂变质的食物、被污水浸泡过的食品等；二是协助搞好灾区卫生。

小贴士　判断水质是否污染的方法

地震可能使供水系统发生了变化，不能正常饮用，这个时候选择一个干净的水源就变成最紧要的事情。如果在城市，可以等待救援物资，城市调拨比较容易；如果在农村，调拨救援物资可能费时较长，那么可以先找清澈的山泉水、周围常用的深井水（深井水一般不太容易被环境污染），然后是浅井水、雨水，最不干净的是地面水。尽可能创造条件喝开水。

判断水质是否污染的方法如下：(1) 看，干净水应该无色、无异物、无漂浮死亡的动物尸体等，否则可能对健康有害；(2) 嗅，干净的水没有异味，否则不宜饮用；(3) 尝，干净的水没有味道，如果发现有酸、涩、苦、麻、辣、甜等味道则不能饮用；(4) 验，如果条件允许，可以利用水质检验设备（快速）等对水质进行快速检验，合格后才能饮用。

二、灾民疏散和安置

地震发生后，灾区正常的公共和社会系统遭到破坏，不可能为灾民提供生存的基本条件，志愿者应协助政府有关部门疏散和安置灾民。志愿者可以协助做以下工作：

（一）帮助灾民疏散到安全地带

地震灾害具有突发性的特点，使得地震发生后形成了大量需要转移安置的人群。2008 年的汶川特大地震中，仅汶川县就转移安置 5 万群众。志愿者要有秩序地疏散人员，尽快离开房屋。城镇居民疏散时，可向离自己最近的地震应急避难场所或者是广场、公园等空旷的地方转移，避开高大建筑物、高压线、变压器、立交桥等，不要在狭窄的胡同中停留。山区居民要转移到空旷地带，避开陡峭的山坡、悬崖、河堤及水库大坝。如果在海边，应尽快向内陆撤离，以防海啸发生。如果在室内，转移时不可使用电梯，应走安全通道。要引导灾民有序疏散，安排专人照顾好老人和儿童。

汶川地震后绵阳市九洲体育馆成为灾民的应急性安置点

（二）防范余震，稳定灾民情绪

大地震发生后，一般都有余震发生，但余震也有强有弱，比较小的余震只能引起轻微的地面震动，不容易引发灾害，而强余震则很可能引发受损建筑物的进一步破坏或倒塌，造成新的伤亡。因此，要重点防范强余震。提醒灾民不要随便回到建筑物内，因为破坏性地震发生后，即使不倒塌的房屋也成为危房。也不要到有危险的地方去，不要在废墟上玩耍，那里可能有碎玻璃、钉子等，很容易使人受伤。更不要到处乱跑，因为环境恶劣，爆炸、毒气泄漏、火灾、水灾等都有可能发生，危及人身安全。要安抚灾民情绪，做好服务，防止发生意外事故。

2010年玉树地震中，两位志愿者把不愿离开自家倒塌房屋的老妈妈劝说到地震棚里居住

（三）搭建防震棚

强烈地震后，房屋倒塌无法居住，灾区人民一般转移到临时搭建的防震棚里居住。在搭建防震棚时，首先要注意把防震棚搭在相对宽阔、干燥、地势较高的地方。在农村要避开危崖、陡坎、河滩等地，避免受到滑坡、坍塌、水灾等次生灾害；在城市要避开危楼、烟囱、水塔和高压线等危险地带。其次，不要建在阻碍交通的道口和公共场所周围，以确保道路畅通。最后，防震棚顶部不要压砖头、石头或其他重物，以免掉落砸伤人。

2014 年，鲁甸地震后，志愿者在灾区太阳湖物资接收站成立了接收点内唯一一支帐篷搭建专业队，为灾区群众服务

防震棚里的照明设施不同于一般房屋内的，要提醒灾民格外注意安全，以免受到二次伤害。许多防震棚里采用蜡烛、挂灯、电石灯，还有自造的小煤油灯等。对这些灯火必须加强管理，稍不小心就会引发火灾。一旦发

安置社区需要经常消毒

现起火，要大声呼喊，通知他人，同时迅速离开防震棚，利用就近的灭火设施灭火，例如，用储存的生活用水和土、沙等灭火。

防震棚里人多拥挤、空气流通不畅，要定期打扫、消毒。防震棚里住宿条件差，要特别注意防潮，可采取通风、暴晒衣物等方式驱潮护体。冬天使用煤炉时，要注意通风，切不可因惧怕寒冷而密封防震棚，以免引起一氧化碳中毒。

（四）接收和分发食物、饮用水、衣物、药品等应急物品

强烈地震后，不少生活用品需要救济，志愿者如果在灾区，要根据情况，帮助接收、分发应急物品。志愿者发放物品时，最好和乡镇或村委会联系，协调指导发放，以便让尽可能多的灾民领取到救灾物资，做到合适和平衡。

三、维护社会秩序

强烈地震发生后，往往造成物资严重缺乏，群众情绪激动，社会秩序混乱，不利于抗震救灾工作的顺利开展。自觉维护公共秩序，是我们每个人应尽的义务，也是每个志愿者必须牢记的职责。

自觉抵制地震谣言。地震过后是地震谣言的多发期，我们前面讲过地震谣言的特点及识别方法，面对谣言，志愿者不仅要做到不相信、不传播、及时报告，还要主动向群众开展解释和宣传工作，稳定群众情绪。

协助有关部门实施社会治安临时保障措施。对生命线设施、重要单位实施监控和保卫措施，对没有有效证件和组织介绍信的非支援灾区人员、闲散人员，禁止进入灾民安置区，防止个别人员趁火打劫，伺机作案。

加强治安宣传，引导群众自觉守法。引导灾区群众参与巡逻执勤、安全保卫、交通疏导、化解矛盾等工作，增强自觉守法意识，维护社会秩序。

四、心理帮助服务

大地震过后，原来的生活环境发生了巨大改变，很多人身体受到了伤害，又目睹了现场的惨状以及亲人、朋友的离去。在这种情况下，人们往往会产生恐惧、悲伤、失望、焦虑等一系列身心反应，那些心理脆弱的人可能会更严重。除了心理辅导人员的帮助外，志愿者也可以做一些力所能及的工作，比如陪他们说说话，耐心地倾听他们的伤心事，通过安慰、鼓励帮助他们重拾面对生活的勇气和信心。

（一）震后常见的心理反应

经历大地震的人，常常会在未来一段时间内产生以下身心反应，具体到每个人的情况，可能会有所不同。

（1）恐惧担心：由于地震的突发性和巨大破坏性，刚刚经历灾难的人很容易感受到前所未有的恐惧，很担心地震会再次发生、害怕自己或亲人会受到伤害，害怕只剩下自己一个人。这些担心会让自己变得过度敏感，比如对有关地震的声音、图像等非常敏感，甚至产生地动、楼晃等幻觉。

（2）悲伤内疚：听到亲人、同学或其他人伤亡的消息，非常难过，伤心；如果有人为救助自己而丧生，很可能带来巨大的罪恶感；觉得是自己的过错导致了亲人或朋友的伤亡，感到内疚、自责；悔恨自己如果能提前做某事或不做某事，就能避免亲人或朋友的伤亡；恨自己没有能力救出家人，希望死的人是自己而不是亲人。

（3）孤独无助：觉得亲友都离去了，没有人可以帮助自己，不知道将来该怎么办，麻木、自闭，拒绝与他人沟通；感觉面对灾情，自己什么都做不了，感到无助。

（4）强迫性重复回忆：灾难现场那些惨烈的画面不停地在脑海中再现，一闭上眼就会看到最恐惧最悲伤的画面；一直想着逝去的亲人，心里觉得很难过，无法想别的事。

（5）不愿面对现实：拒绝接受灾难现实，避免再提到与灾难相关的事情，不相信自己经历的一切，总期待着奇迹出现，亲人重新站在自己面前，而现实让自己一次次地失望，绝望和痛苦挥之不去。

想念亲人

（6）感到生气和愤怒：觉得命运对自己不公平，救灾的动作那么慢；为什么只有自己会失去亲人，气别人不知道自己的需要、不了解自己的痛苦等。

（7）失去信任感：缺乏耐心，不相信周边的人和事，不能与他人很好地相处，缺乏自制力。

此外，由于身心极度疲劳及休息与睡眠的不足，还容易产生生理上的不适感，如失眠、眩晕、呼吸困难、紧张、无法放松、易疲倦、发抖或抽筋、记忆力减退、肌肉疼痛（包括头、颈、背）、心跳突然加快、胃痛、拉肚子等。

（二）心理帮助的方法

唐山地震后，很多人出现了失眠多梦、情绪不稳定、紧张焦虑等症状。

一个患者在唐山大地震中失去3个孩子，每次看到和她家遇难孩子年龄相仿的小孩，她都止不住悲痛，很长一段时间内郁郁寡欢。在家里即使是大白天也要拉上窗帘，不拉窗帘就会出现震亡的小孩要从窗子进来的幻觉。每当与人谈起过去的经历，她都要失声痛哭。另一个患者在唐山大地震中被困废墟4小时，从此心中留下了阴影。一次他到外地出差，住处忽然停电，黑暗中，他顿时感觉呼吸窘迫，巨大的恐惧袭来，如同又被埋在了废墟下。中国心理健康协会的教授肖水源认为："灾难会在人身上造成严重心理创伤，如果不及时治疗，会折磨一生，改变病人的性格，甚至导致极端行为，如自杀和暴力。"

及时进行心理帮助

志愿者在灾区可以通过以下方法对灾民进行心理帮助服务。

（1）倾听。倾诉是非常好的自然缓解方式，鼓励灾民与家人或者朋友交流，倾听他们的诉说，让他们把积压在心里的感受说出来，让情绪得到自然宣泄。

（2）保证灾民的基本饮食和充足睡眠。食物和营养是战胜疾病创伤、积极康复的保证，志愿者要协助工作人员来为灾民们提供基本生活保障和一些紧急医疗救护。

（3）提供信息。志愿者要给灾民们提供关于灾难、损失和救援行动的准确信息，这有助于他们了解目前的情况；告诉他们目前所提供救援服务的种类及所在位置，引导他们得到可以获得的帮助。如果知道还有更多的帮助和救援力量正在赶来，一定要在他们表现出害怕和担心的时候进行提醒。

（4）鼓励交流。鼓励灾民多和亲戚、老师、同学保持联系，多和他们交流。尽量让一家人待在一起，尽可能地让孩子与父母以及其他亲人在一起。一定要友好和富有同情心，即使他们很难相处。尽量帮助他们联系朋友及亲人，让他们知道有人在关注和关心他们。

在进行震后心理帮助时，还要注意一些禁忌，如：不要强迫生还者向你诉说他们的经历，尤其是涉及隐私的细节；不要告诉他们你个人认为他们现在应该怎么感受、怎么想和如何去做，以及之前他们应该怎么做；一定不要在需要这些服务的人们面前抱怨现有的服务或是救助活动；也不要阻止他们对你诉说伤痛。

如果志愿者自己也出现了糟糕的心理反应，要积极进行自我调整，或者寻求专业的心理救助，情况严重的，要申请撤离灾区。

小贴士 **针对孩子的心理救助办法**

相比而言，灾难事件对孩子造成的心理创伤更为严重，不进行有效的心理抚慰，他们今后出现强恐惧症、焦虑症等各种心理问题的概率会很高。志愿者可以做的事情包括：

（1）试着和孩子谈心，鼓励他们表达自己的情绪，交换你们的感受，绝对不要批评或嘲笑孩子的恐惧和胆怯。

（2）告诉孩子他们是安全的，更多地陪着他们，允许他们因为丢失的玩具等小东西而伤心抱怨。

（3）控制孩子看电视的情况。尽量少让孩子看到一些悲惨的镜头。关注新闻报道时，最好与孩子在一起。

（4）帮助孩子看到积极面。比如，解放军的英雄事迹，社会各界的热心援助，失散家庭的团圆，来自全国人民和全世界的帮助等。

五、防震减灾知识宣传

地震灾害发生后，一般会出现信息混乱的情况，很多没有经过确认的信息会很快传播，严重影响灾区的社会稳定，干扰抗震救灾工作顺利进行。因此，志愿者还有一个重要任务就是积极主动配合有关部门，做好防震减灾知识的宣传工作。

在震后第一时间，要尽快让灾区群众听到党和政府的声音，了解抗震救灾指挥部的意图，传达党和政府以及全国人民对灾区的关心、慰问和支持，提高灾区人民战胜困难的勇气和信心。针对灾区的震情、灾情，广泛宣传普及预防余震知识、应对地震次生灾害知识、应急疏散避险及自救互救知识、卫

在学校普及防震减灾知识

生防疫知识等，解除人们对地震灾害的恐惧心理，提高防震减灾意识和能力。当灾区出现地震谣言时，要及时开展防震减灾法律法规的宣传，使灾区的人们知道地震预报的发布权限在政府，其他任何单位和个人都无权发布地震预报，使人们正确识别地震谣言。要加强有关维护社会治安、社会秩序法律法规宣传，确保灾区社会稳定，保障抗震救灾工作顺利进行。

在震情、灾情稳定后，还要围绕震后恢复重建开展宣传。首先要做好临时安置工作的宣传，使过渡性安置点避开地震活动断层和可能发生严重次生灾害的区域，普及防火、卫生和食品安全知识。积极宣传灾区的恢复重建规划和有关政策、普及建设工程抗震设防知识，提高建设工程抗震设防能力。要大力宣传在抗震救灾中涌现出的先进人物、先进事迹，鼓舞和激励人们“自力更生，艰苦奋斗，发展生产，重建家园”，把家乡建设得更美好。

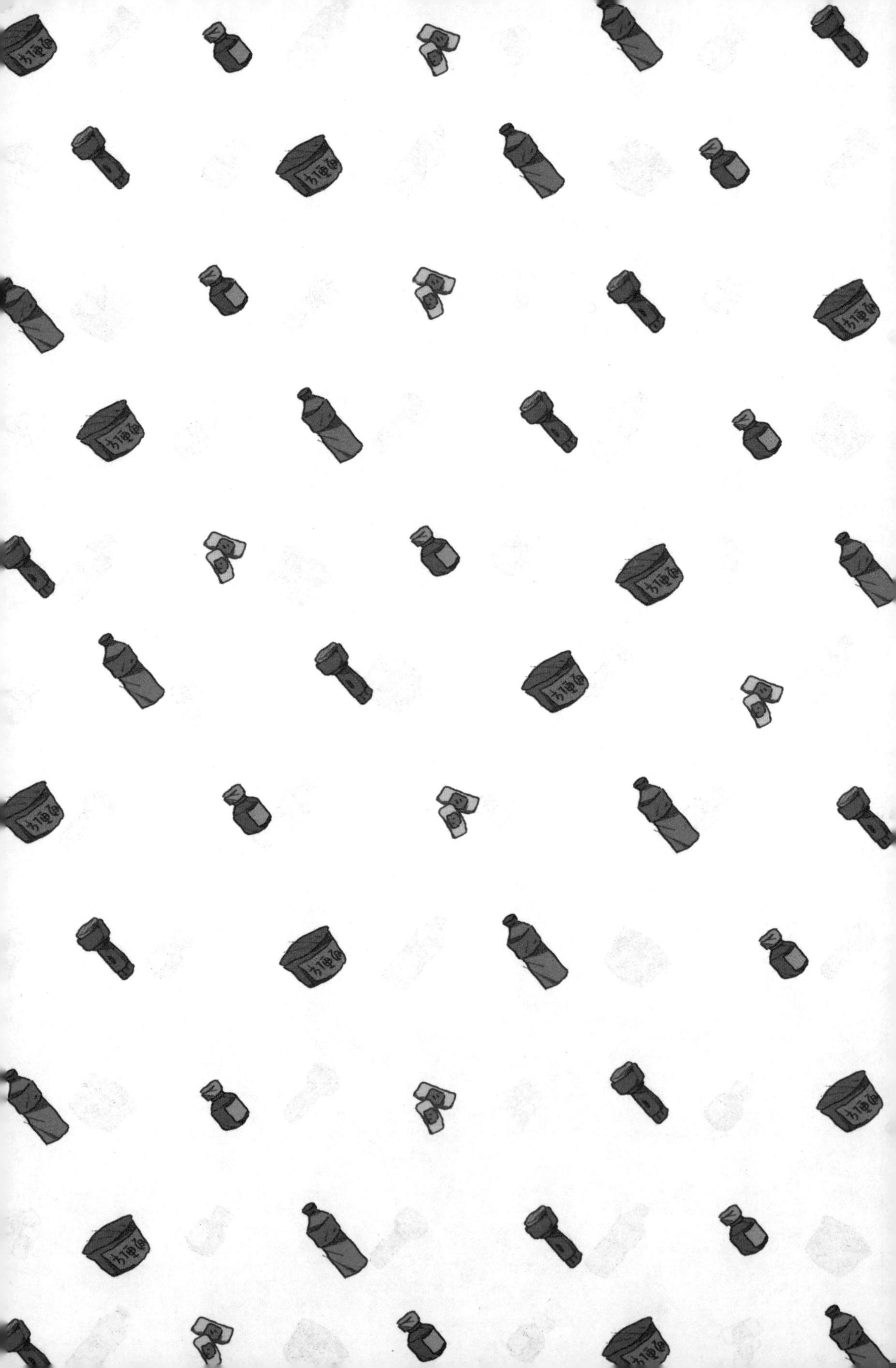